装配式建筑职业技能培训教材

钢筋套筒灌浆连接施工技术

本书编委会　编

中国建筑工业出版社

图书在版编目（CIP）数据

钢筋套筒灌浆连接施工技术/《钢筋套筒灌浆连接施工技术》编委会编.
北京：中国建筑工业出版社，2017.5
装配式建筑职业技能培训教材
ISBN 978-7-112-20619-3

Ⅰ.①钢…　Ⅱ.①钢…　Ⅲ.①钢筋-套筒-灌浆-连接技术-技术培训-教材
Ⅳ.①TU755.6

中国版本图书馆 CIP 数据核字（2017）第 064456 号

本书根据《钢筋机械连接技术规程》JGJ 107—2016、《钢筋套筒灌浆连接应用技术规程》JGJ 355—2015 等国家最新标准和规范编写而成。全书共 4 章，包括：装配式混凝土结构基础知识，钢筋套筒灌浆连接相关标准与要求，钢筋套筒灌浆连接材料及相关设备、辅件的要求，灌浆连接施工工艺及质量要求。本书内容全面、实用性强，可作为装配式建筑职业技能培训教材，也可供建筑工人和技术管理人员实际施工操作参考使用。

责任编辑：王砾瑶　范业庶
责任设计：谷有稷
责任校对：赵　颖　张　颖

装配式建筑职业技能培训教材
钢筋套筒灌浆连接施工技术
本书编委会　编
*
中国建筑工业出版社出版、发行（北京海淀三里河路 9 号）
各地新华书店、建筑书店经销
北京楠竹文化发展有限公司制版
北京建筑工业印刷厂印刷
*
开本：787×1092 毫米　1/16　印张：8　字数：156 千字
2017 年 6 月第一版　2017 年 6 月第一次印刷
定价：**28.00** 元
ISBN 978-7-112-20619-3
（30272）

本 书 编 委 会

主编单位：中国建筑学会建筑产业现代化发展委员会

中建科技有限公司

北京思达建茂科技发展有限公司

参编单位：山东省建筑产业现代化教育联盟

主　　审：叶浩文

主　　编：叶　明

副 主 编：钱冠龙　郝志强

编写成员：王爱军　朱清华　姜　楠　易弘蕾　韩秉刚

张　波　祝　岩　郝　敏　牟顺利

前　　言

近年来，推动建筑产业现代化、发展装配式建筑受到了党中央、国务院以及各级政府的高度重视，也得到业界的积极响应和广泛参与，政府的推动力度不断加大，企业的内生动力不断增强，产业的集聚效益不断显现，部分地区已呈现规模化发展态势，建筑产业现代化与装配式建筑正迎来全新的发展机遇期。

2016年9月27日，国务院办公厅印发了《关于大力发展装配式建筑的指导意见》，明确提出"要强化队伍建设，大力培养装配式建筑设计、生产、施工、管理等专业人才"。人才是行业发展的基础，教育是提升技能的根本。在国家大力推进装配式建筑和建筑产业现代化的形势下，我们深深感到人才储备不足的问题非常突出，人才短缺的问题已经制约了装配式建筑发展。当前是装配式建筑发展的起步阶段，技术体系尚未成熟，管理机制尚未建立，社会化程度不高，专业化分工没有形成，企业各方面能力不足，尤其是专业型、职业技能型人才极缺。因此，以培养适应建筑产业现代化发展要求的复合型、专业型、技能型人才为目标，提高管理和技术人员的专业技术水平，提升产业化工人的职业技能，为全国装配式建筑发展提供人才保障，迫在眉睫、任重而道远。

在人才队伍建设中，岗位职业技能的培训尤为重要。岗位职业技能是对从事某一岗位所必备的学识、技术和能力的基本要求，反映了行业所从事的劳动者的能力能否适应和支撑行业发展，同时也反映这个行业的发展水平。目前在各地推进装配式建筑工程的实践中，普遍存在对装配式混凝土结构套筒灌浆连接的施工质量和安全的担忧，其根本原因在于：套筒灌浆施工的操作工人普遍缺乏专业知识、技术和技能，甚至未经过培训上岗。因此，在装配式建筑快速发展阶段，开展相关岗位职业技能培训工作十分重要，是保持装配式建筑能否持续、健康发展的关键所在，是降低建筑安全事故、提高建筑工程质量的重要环节。

为了全面做好装配式建筑岗位职业技能培训工作，中国建筑学会建筑产业现代化发展委员会、中建科技有限公司、北京思达建茂科技发展有限公司等单位组成编委会，针对装配式混凝土结构钢筋套筒灌浆连接技术的职业岗位技能培训编写教材。本书以套筒灌浆连接技术为主要对象，从基础知识、相关技术标准要求、套筒灌浆连接材料及相关设备和辅件的要求、灌浆连接施工工艺要求等内容进行了系统、全面的阐述，适合不同层次的建筑工人和技术管理人员岗位职业技能培训和实际施工操作应用。

为保证教材内容的先进性和完整性，在教材编写过程中，编委会以最新国家标准和规范为依据，收集并参考了大量资料，汲取了多方面研究成果和工程实践。由于时间仓促，加之目前工程实践和技术积累较少，教材编写的经验也有所欠缺，本书难免有疏漏和不足，特别是技术深度和内容的系统全面性方面，今后还需结合读者反馈和套筒灌浆技术的工程实际应用，不断改进和完善，最终形成一本理论联系实际，针对性强、实用性高、系统性好的高水平教材，服务于我国装配式建筑职业技能培训的需要。

本书编委会

目　　录

第1章　装配式混凝土结构基础知识

1.1　装配式混凝土结构概述

1.1.1　基本概念

1. 装配式建筑

装配式建筑是用预制部品、部件通过各种可靠的连接方式在现场装配而成的建筑，包括：装配式混凝土结构、钢结构、木结构、混合结构等建筑（图1-1）。

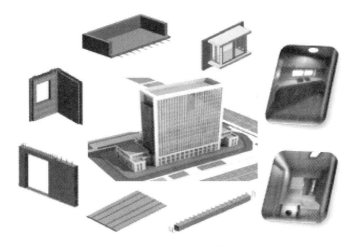

图1-1　装配式建筑

2. 装配式混凝土结构

装配式混凝土结构是由预制混凝土构件或部件通过可靠的连接方式装配而成的混凝土结构，包括装配整体式混凝土结构、全装配混凝土结构等。

3. 装配整体式混凝土结构

装配整体式混凝土结构是由预制混凝土构件或部件通过可靠的方式进行连接，并与现场后浇混凝土、水泥基灌浆料形成整体的装配式结构（图1-2）。

4. 装配整体式混凝土剪力墙结构

全部或部分剪力墙采用预制墙板构件，通过对构件之间连接部位的现场浇筑并形成整体的装配式混凝土剪力墙结构（图1-3）。

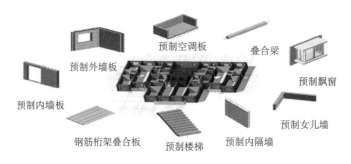

预制空调板　叠合梁

预制外墙板　　　　　　　　　　　　预制飘窗

预制内墙板　　　　　　　　　　　　　预制女儿墙

钢筋桁架叠合板　　预制楼梯　　预制内隔墙

图 1-2　装配整体式混凝土结构

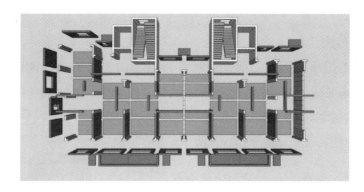

图 1-3　装配整体式混凝土剪力墙结构

5. 装配整体式混凝土框架结构

全部或部分框架梁、柱采用预制构件，通过采用各种可靠的方式进行连接，形成整体的装配式混凝土框架结构（图 1-4）。

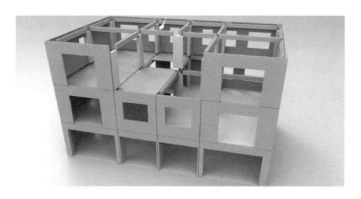

图 1-4　装配整体式混凝土框架结构

1.1.2　装配式混凝土结构主要建造环节

1. 工程设计

装配式建筑设计应包括前期技术策划、规划设计、方案设计、初步设计、施工图设计、构件深化设计、室内装修设计等相关设计阶段和内容。

（1）前期技术策划应在项目规划审批立项前进行，并对项目定位、技术路线、成本控制、效率目标等做出明确要求；对项目所在区域的构件生产能力、施工装配能力、现场运输与吊装条件等进行技术评估。

（2）规划设计应在符合城市总体规划要求，满足国家规范及建设标准的同时，配合现场施工方案，充分考虑构件运输、吊装及预制构件临时堆场的设置。

（3）方案设计阶段应对项目采用的预制构件类型、连接技术提出设计方案，对构件的加工制作、施工装配的技术经济性进行分析，并协调开发建设、建筑设计、构件制作、施工装配等各方要求，加强建筑、结构、设备、电气、装修等各专业之间的密切配合。

（4）初步设计是在建筑、结构设计以及机电设备、室内装修设计完成方案设计的基础上，由设计单位联合构件生产企业，结合预制构件生产工艺，以及施工单位的吊装能力、道路运输等条件，对预制构件的形状、尺度、重量等进行估算，并与建筑、结构、设备、电气、装修等专业进行初步的协调。

（5）施工图设计应由设计单位进一步结合预制构件生产工艺和施工单位初步的施工组织计划，在初步设计的基础上，建筑专业完善建筑平立面及建筑功能，结构专业确定预制构件的布局及其形状和尺度，机电设备确定管线布局，室内装修设计部品设计，同时各专业应完成统一协调工作，避免专业间的错漏碰缺。

（6）构件深化设计应满足工厂制作、施工装配等相关环节承接工序的技术和安全要求，各种预埋件、连接件设计应准确、清晰、合理，并完成预制构件在短暂设计状况下的设计验算。

（7）室内装修设计应与建筑设计同步，应与建筑功能、主体结构、机电设备一体化设计，并结合预制构件生产工艺做好连接部分的预留和预埋设计，编制室内装修专项设计、施工方案。

2. 构件制作

（1）预制构件制作前应进行深化设计，设计文件主要包括以下内容：

1）预制构件平面图、模板图、配筋图、安装图、预埋件及细部构造图等。

2）带有饰面板材的构件应绘制板材排版图。

3）夹心外墙板应绘制内外叶墙板拉结件布置图、保温板排版图。

4）预制构件脱模、翻转过程中混凝土强度验算。

（2）预制构件的制作应有保证生产质量要求的生产工艺和设施设备，生产的全过程应有健全的质量管理体系、安全保证措施及相应的试验检测手段。

（3）预制构件制作的生产过程主要包括：生产计划、工艺流程、模具方案、质量控制、成品保护、运输方案等。

（4）预制构件生产的通用工艺流程如下：

模台清理→模具组装→钢筋加工安装→管线、埋件等安装→混凝土浇筑→养护→脱模→表面处理→成品验收→运输存放。构件生产流程和工艺设备如图1-5所示。

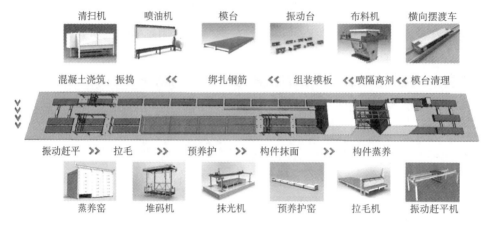

图1-5　构件生产流程和工艺设备

3. 装配施工

装配式混凝土结构现场装配施工应按照一定的工法和标准进行，具体施工流程如图1-6所示。

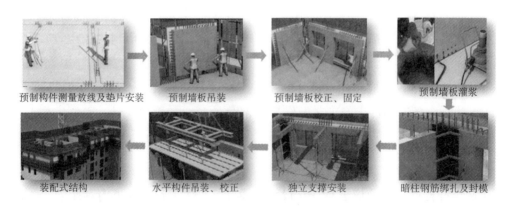

图1-6　装配施工流程

（1）装配式混凝土结构施工应具有健全的质量管理体系、相应的施工组织方案、技术标准、施工工法和施工质量控制制度。

（2）预制构件安装前，应制定构件安装流程，预制构件、材料、预埋件、临时支撑等应按国家现行有关标准及设计验收合格，并按施工方案、工艺和操作规程的要求做好人、机、料的各项准备。

（3）预制构件安装应根据构件吊装顺序运抵施工现场，并根据构件编号、吊装计划和吊装序号在构件上标出序号，并在图纸上标出序号位置。

（4）预制墙板安装应符合下列要求：

1）预制墙板安装应设置临时斜撑，每件预制墙板安装过程的临时斜撑应不少于2道，临时斜撑宜设置调节装置，支撑点位置距离底板不宜大于板高的2/3，且不应小于板高的1/2，斜支撑的预埋件安装、定位应准确；

2）预制墙板安装应设置底部限位装置，每件预制墙板底部限位装置不少于2个，间距不宜大于4m；

3）临时固定措施的拆除应在预制构件与结构可靠连接，且装配式混凝土结构能达到后续施工要求后进行；

4）预制墙板安装过程应符合下列规定：

① 构件底部应设置可调整接缝间隙和底部标高的垫块；

② 钢筋套筒灌浆连接、钢筋锚固搭接连接灌浆前应对接缝周围进行封堵；

③ 墙板底部采用坐浆时，其厚度不宜大于20mm；

④ 墙板底部应分区灌浆，分区长度1~1.5m。

1.2 装配式混凝土结构钢筋连接方法

1.2.1 传统的钢筋连接方法

1. 搭接连接

传统的钢筋连接方法主要是搭接连接，将两根钢筋以一定长度尺寸搭靠在一起，并用细铁丝间隔捆扎，即将两根钢筋甚至多根钢筋连接在一起，当接头被混凝土浇筑包裹后，就可以借助其锚固的混凝土以及相邻的钢筋，通过摩擦、机械咬合等实现传力。

搭接连接的优点：操作简单，连接方便；不足：钢筋搭接长度长，用钢量很大，成本高，对于钢筋密集区域，钢筋搭接会加剧混凝土浇筑难度，造成局部混凝土的密实度不足，大直径钢筋的搭接部位在受力时容易在钢筋端头产生裂纹。

2. 焊接连接

钢筋焊接连接方法很多，现行行业标准《钢筋焊接及验收规程》JGJ 18 中列有：电弧焊、闪光对焊、气压焊、电渣压力焊等。闪光对焊设备体积大、重量重，只能在现场专门区域进行钢筋连接生产。闪光对焊连接的优点：连接质量高，生产效率高，如采用自动焊设备，则可以连接任何直径和强度的钢筋；不足是：连接的钢筋受场地限制不可能无限接长。电弧焊、气压焊、电渣压力焊均可以在现场连接钢筋，且电渣压力焊主要用于竖向连接，优点是：现场连接作业比较方便，可以连接任何可焊性符合要求的钢筋，不足是：焊接作业需受过专业培训的专业焊工，生产效率低，人工成本高，并且现场需配备大功率供电设备，焊接设备难以大批投入同时开展工作，而对机械性能受焊接热输入影响大的钢筋也不适合采用，大直径钢筋焊接接头合格率较低，受环境条件影响大，接头检验抽样率高（300个接头为一个验收批，3个接头做拉伸试验）；闪光对焊、气压焊还要再取3个接头做弯曲试验。近些年国内粗钢筋连接已很少采用焊接连接。电弧焊主要用于钢筋搭接焊接，质量受环境和人工影响显著，优点是方便，目前在一些小型工程尤其野外小型工程有用。气压焊在国内已经很少应用。

1.2.2 钢筋机械连接方法

钢筋机械连接方法在国外的应用非常广泛，连接形式也是多种多样。钢筋机械连接在国家行业标准定义为：通过钢筋与连接件或其他介入材料的机械咬合作用或钢筋端面的承压作用，将一根钢筋中的力传递至另一根钢筋的连接方法。主要的连接方法有：套筒挤压连接、锥螺纹套筒连接、镦粗直螺纹连接、滚轧直螺纹连接，熔融金属充填连接、套筒灌浆连接，以下具体介绍其中国内主要应用的机械连接方法。

1. 套筒挤压连接

连接技术原理：通过挤压力使连接件钢套筒塑性变形并与带肋钢筋表面紧密咬合，将两根带肋钢筋连接在一起。见图1-7。

图1-7 挤压接头

特点：

连接时无明火作业，施工方便，工人简单培训即可上岗；

凡是带肋钢筋即可连接，无需对钢筋进行特别加工，对钢筋材质无要求；

接头性能达到机械接头的最高级，可以用于连接任何部位接头连接，包括钢筋不能旋转的结构部位；

相比绑扎搭接节约钢材，且连接速度较快；

对钢套筒材料性能要求高，挤压设备较重，工人劳动强度高；

钢筋特别密集的和挤压钳无法就位的节点难以使用；

连接不同直径钢筋的变径套筒成本高。

2. 锥螺纹连接

连接技术原理：通过钢筋端头特制的锥形螺纹和连接件内孔的锥螺纹咬合形成的接头将两根钢筋连接在一起。见图1-8。

图1-8　锥螺纹接头

特点：

连接时无明火作业，钢筋连接时转动圈数少，施工方便；

带肋、不带肋钢筋均可连接，对钢筋外形要求低，适用钢筋范围广；

操作和安装工人培训合格即可上岗；

接头性能达到机械接头的Ⅱ级，可用于大多数部位接头连接，密集钢筋之间使用扳手可以快速连接；

套筒外径尺寸小，节约钢材，且在作业面上连接速度快过直螺纹接头；

钢筋丝头加工精度要求高，普通锥螺纹接头强度无法达到钢筋母材实际强度。

3. 直螺纹连接

连接技术原理：将钢筋端头镦粗后加工直螺纹或在钢筋端头直接滚轧直螺纹，再通过钢筋端部的直螺纹和连接件内孔的直螺纹咬合形成的接头将两根钢筋连接在一起。见图1-9。

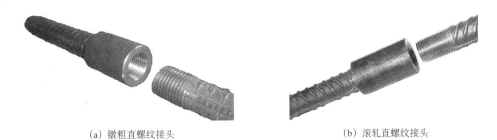

(a) 镦粗直螺纹接头　　　　　　　　　(b) 滚轧直螺纹接头

图1-9　钢筋直螺纹接头

特点：

连接时无明火作业，施工方便；

带肋、不带肋钢筋均可连接，对钢筋外形要求低，适用钢筋范围广；

操作和安装工人培训合格即可上岗；

接头性能达到机械接头的最高级，可用于任何部位钢筋的连接，密集钢筋之间使用扳手就可以连接；

连接套筒尺寸小，节约钢材，且在作业面上连接速度快；

钢筋镦粗端头加工精度要求高，钢筋连接生产设备需要镦粗和螺纹加工设备各1套；钢筋滚轧连接对钢筋端头端面要求比镦粗直螺纹连接低，生产设备只需1种轻便的现场滚丝设备，但不适合连接表面硬、芯部软的"余水"钢筋、余热处理钢筋及横截面椭圆度大的钢筋。

4. 套筒灌浆连接

连接技术原理：在金属套筒中插入带肋钢筋并注入灌浆料拌合物，充满钢筋与套筒内壁的间隙，拌合物硬化后而将钢筋与套筒结合成整体并实现传力，将钢筋连接在一起。见图1-10。

图1-10　套筒灌浆接头

特点：

主要应用在预制构件的受力钢筋连接，连接各种带肋钢筋，适用范围广；

操作和安装工人须培训合格方可上岗；

接头性能达到机械接头的最高级，同截面应用接头面积百分率可达100%，密集钢筋连接比其他机械连接更方便；

减少现场混凝土湿作业，减少现场人工，绿色施工；

套筒尺寸大，连接成本高，在结构施工中辅助工序多，质量要求高。

上述不同类型机械接头按构造与使用功能的差异可区分为不同型式，常用的直螺纹接头又分为标准型、异径型、正反丝扣型，加长丝头型等不同接头型式。用户可根据工程应用的需要按照国家现行建筑工业行业标准《钢筋机械连接用套筒》JG/T 163选用连接套筒。套筒灌浆接头则包括：两端全部采用灌浆连接的全灌浆接头，及一端采用灌浆连接，另一端采用机械连接的半灌浆接头，其机械连接端的型式可以采用镦粗直螺纹、滚轧直螺纹或挤压连接等方式。

5. 其他机械连接

国内最新研发和应用了两种机械连接接头：锥套锁紧连接接头和套筒搭接挤压接头。

（1）锥套锁紧连接接头

它是通过一组多片式内表面有齿牙、外部为圆锥面的金属锁片和两个套在锁片外、内孔为圆锥面的锥套的连接件，连接施工时锁片包裹住两根钢筋端部，锥套分别套在锁片两端，用专用机具将锥套向接头中间内压紧，使锁片内牙嵌入钢筋表面与钢筋咬合，从而将两根钢筋连接在一起。见图1-11。

特点：

钢筋无须进行加工，可直接在现场工位连接，钢筋不需要转动；

可用于密集钢筋的结构和改造加固结构，预制构件连接现浇段，以及难以使用挤压连接的部位；

不足：接头成本较高。

（2）搭接挤压接头

该接头是将钢筋平行搭接在一起，套上一个预先压扁的挤压连接套筒，然后用专用挤压设备进行挤压，通过套筒与钢筋横肋的紧密啮合，实现两根钢筋的连接。见图1-12。

图1-11　锥套锁紧接头

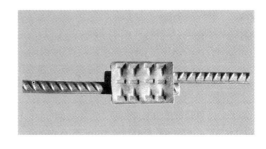

图1-12　搭接挤压接头

特点：

长度尺寸比对接挤压连接接头小，挤压道次少，连接速度较快，连接成本低；

适合预制结构中现浇带和现浇结构各种强度等级的小直径带肋钢筋的连接；

大直径钢筋直径偏心受力影响大，需遵循设计的规定。

第2章 钢筋套筒灌浆连接相关标准与要求

2.1 《钢筋机械连接技术规程》JGJ 107—2016

2.1.1 钢筋机械连接标准的发展

我国自20世纪80年代开始研发和应用钢筋机械连接技术，至今已有30余年，1993年颁布了我国钢筋机械连接第一部国家行业标准《带肋钢筋挤压连接技术及验收规程》YB 9250—1993，随着相关技术和产品不断开发和完善，又陆续颁布实施了若干标准，其中应用最广泛的钢筋机械连接技术标准是《钢筋机械连接通用技术规程》JGJ 107—1996，经过3次修订，当前已更新为《钢筋机械连接技术规程》JGJ 107—2016。钢筋锚固板的应用推荐采用螺纹连接锚固板，因此《钢筋锚固板应用技术规程》JGJ 256—2011也可作为一种钢筋机械连接应用标准的补充；而针对装配式混凝土结构新开发的一些钢筋机械连接方法，由于尚未得到广泛应用，暂被纳入协会标准，如《钢筋机械连接装配式混凝土结构技术规程》CECS 444:2016。钢筋套筒灌浆连接作为机械连接的一种类型，其应用部位和施工方法与其他机械连接方法有显著的差异，为此针对该技术特别编制了《钢筋套筒灌浆连接应用技术规程》JGJ 355—2015。这些标准的实施时间和有效状态详见表2-1。

钢筋机械连接及套筒灌浆连接标准明细及有效状态　　　　表2-1

序号	标准名称	标准号	实施时间	当前状态
1	带肋钢筋挤压连接技术及验收规程	YB 9250—1993	1994年5月1日	有效
2	钢筋机械连接通用技术规程	JGJ 107—1996	1997年4月1日	2003年7月1日废止
3	带肋钢筋套筒挤压连接技术规程	JGJ 108—1996	1997年4月1日	2010年10月1日废止
4	钢筋锥螺纹接头技术规程	JGJ 109—1996	1997年4月1日	2010年10月1日废止
5	镦粗直螺纹钢筋接头	JG/T 3057—1999	1999年12月1日	2005年8月1日废止
6	钢筋机械连接通用技术规程	JGJ 107—2003	2003年7月1日	2010年10月1日废止
7	滚轧直螺纹钢筋连接接头	JG 163—2004	2004年12月1日	2013年10月1日废止
8	镦粗直螺纹钢筋接头	JG 171—2005	2005年8月1日	2013年10月1日废止
9	钢筋机械连接技术规程	JGJ 107—2010	2010年10月1日	2016年8月1日废止
10	钢筋连接用灌浆套筒	JG/T 398—2012	2013年1月1日	有效
11	钢筋连接用套筒灌浆料	JG/T 408—2013	2013年10月1日	有效

序号	标准名称	标准号	实施时间	当前状态
12	钢筋机械连接用套筒	JG/T 163—2013	2013 年 10 月 1 日	有效
13	钢筋套筒灌浆连接应用技术规程	JGJ 355—2015	2015 年 9 月 1 日	有效
14	钢筋机械连接技术规程	JGJ 107—2016	2016 年 8 月 1 日	有效
15	钢筋机械连接装配式混凝土结构技术规程	CECS 444:2016	2016 年 10 月 1 日	有效

依各类不同的钢筋机械连接和套筒灌浆连接产品，在工程建设中各自应采用的技术与产品标准详见表 2-2。

钢筋机械连接施工应用的相关标准   表 2-2

序号	钢筋机械连接技术和产品	应用的标准名称	标准号
1	钢筋滚轧直螺纹接头 钢筋镦粗直螺纹接头 钢筋套筒挤压接头	钢筋机械连接技术规程 钢筋机械连接用套筒 带肋钢筋挤压连接技术及验收规程	JGJ 107—2016 JG/T 163—2013 YB 9250—1993
2	钢筋套筒灌浆接头	钢筋套筒灌浆连接应用技术规程 钢筋机械连接技术规程 装配式混凝土结构技术规程 钢筋连接用灌浆套筒 钢筋连接用套筒灌浆料	JGJ 355—2015 JGJ 107—2016 JGJ 1—2014 JG/T 398—2012 JG/T 408—2013
3	钢筋挤压搭接接头、 钢筋锥套锁紧接头	钢筋机械连接装配式混凝土结构技术规程 钢筋机械连接用套筒 钢筋机械连接技术规程	CECS 444:2016 JG/T 163—2013 JGJ 107—2016

2.1.2 规程对接头性能及应用的要求

1. 接头性能

为了保证钢筋机械连接接头在混凝土结构中能可靠连接受力钢筋，使建筑物的结构在自然环境的风、雪和地震荷载作用下安全耐久，混凝土结构中应用的钢筋机械连接接头不仅要满足强度性能要求，还要满足变形性能的要求。

由于钢筋机械接头是通过钢筋与连接套筒相互啮合来实现载荷传递的，而钢筋与连接套筒的啮合处均会存在有间隙，且间隙会随着钢筋承受载荷的加大而递增，当钢筋上的载荷消失后，钢筋与连接套筒啮合部位并不能完全回复到原位，从而表现为接头的残余变形。如果接头的残余变形过大，就可能造成混凝土结构在接头附近的混凝土产生裂纹，而当裂纹宽度足以对混凝土结构的承载能力或者耐久性带来影响时，这种钢筋机械接头的残余变形则不可接受。因此，《钢筋机械连接技术规程》JGJ 107—2016（以下简称"JGJ 107—2016"）规定：接头设计应满足强度及变形性能的要求。

钢筋机械接头的性能包括单向拉伸性能、高应力反复拉压性能、大变形反复拉压性能和疲劳性能。

单向拉伸性能检验时，接头只进行钢筋弹性范围内一般应力下的拉伸试验，检验一般载荷下接头的残余变形、延性和极限抗拉强度，其残余变形允许值较小，直径32mm 及以下规格钢筋最高性能接头仅为 0.1mm。

高应力反复拉压性能检验时，接头进行钢筋弹性范围内较高应力下的拉伸和压缩试验，检验低周载荷拉压循环后接头的残余变形和极限抗拉强度，其残余变形允许值为 0.3mm。对于连接性能不好的机械接头在这种低周往复载荷下，残余变形会随循环次数增加而不断加大，而连接性能好的机械接头的残余变形在 20 次循环后则会趋于接近稳定值。

大变形反复拉压性能检验时，接头进入了钢筋塑性变形阶段，接头在钢筋塑性范围内的高应力下完成的拉伸和压缩试验，检验低周载荷下不同变形量接头的残余变形和最终极限抗拉强度，一些连接接头在弹性范围内性能良好，但随着钢筋进入塑性变形后，接头连接结构因钢筋的变形而劣化，塑性范围的残余变形可能超过规定值，甚至出现接头极限抗拉强度的大幅降低。

因此，行业标准 JGJ 107—2016 通过以上三项性能试验，将接头分为Ⅰ级、Ⅱ级和Ⅲ级，共三个等级。接头性能根据三项试验中接头的极限抗拉强度、残余变形、最大力下总伸长率的检测结果而得以确定，并确定不同性能等级的接头的应用在建筑结构中的什么部位。

Ⅰ级、Ⅱ级和Ⅲ级接头的性能见表 2 - 3。

JGJ 107—2016 标准对接头性能的规定　　　　表 2 - 3

接头等级			Ⅰ级	Ⅱ级	Ⅲ级
强度性能	极限抗拉强度		$f_{mst}^o \geq f_{stk}$ 钢筋拉断 或 $f_{mst}^o \geq 1.10 f_{stk}$ 连接件破坏	$f_{mst}^o \geq f_{stk}$	$f_{mst}^o \geq 1.25 f_{yk}$
变形性能	单向拉伸	残余变形 （mm）	$u_0 \leq 0.10$（$d \leq 32$） $u_0 \leq 0.14$（$d > 32$）	$u_0 \leq 0.14$（$d \leq 32$） $u_0 \leq 0.16$（$d > 32$）	$u_0 \leq 0.14$（$d \leq 32$） $u_0 \leq 0.16$（$d > 32$）
		最大力下总伸长率（%）	$A_{sgt} \geq 6.0$	$A_{sgt} \geq 6.0$	$A_{sgt} \geq 3.0$
	高应力反复拉压	残余变形 （mm）	$u_{20} \leq 0.3$	$u_{20} \leq 0.3$	$u_{20} \leq 0.3$
	大变形反复拉压	残余变形 （mm）	$u_4 \leq 0.3$ 且 $u_8 \leq 0.6$	$u_4 \leq 0.3$ 且 $u_8 \leq 0.6$	$u_4 \leq 0.6$

接头的疲劳性能主要适用于直接承受重复荷载的结构构件中的接头应用。

接头疲劳性能试验要求首先由设计根据钢筋应力幅提出；当设计无专门要求时，剥肋滚轧直螺纹钢筋接头、镦粗直螺纹钢筋接头和带肋钢筋套筒挤压接头的疲劳应力幅限值不应小于现行国家标准《混凝土结构设计规范》GB 50010 中普通钢筋疲劳应力幅限值的 80%。

钢筋套筒灌浆连接的接头性能按现行行业标准《钢筋套筒灌浆连接应用技术规程》JGJ 355 的有关规定执行。

2. 接头应用

（1）适用钢筋

用于机械连接的钢筋应是符合国家现行标准《钢筋混凝土用钢 第 2 部分：热轧带肋钢筋》GB 1499.2 或《钢筋混凝土用余热处理钢筋》GB 13014 或《钢筋混凝土用不锈钢钢筋》YB/T 4362 及《钢筋混凝土用钢 第 1 部分：热轧光圆钢筋》GB 1499.1 的规定的钢筋。特别注意的是，不同类型的钢筋采用机械连接时，需采用适当的连接方法，有些钢筋并非所有机械连接方法都能使用。例如：热轧光圆钢筋不能采用套筒挤压和套筒灌浆连接方法；余热处理钢筋未经镦粗采用滚轧直螺纹连接接头时，其极限抗拉强度可能无法达到钢筋标准抗拉强度等。

（2）连接套筒材料

钢筋机械连接套筒全部采用金属材料制造，但是不同类型的连接接头对套筒材料的要求有所不同。

除灌浆连接套筒外，JGJ 107—2016 要求其他主要机械连接方法的连接用套筒应符合《钢筋机械连接用套筒》JG/T 163 的有关规定。

由于我国市场上普通直螺纹连接套筒原材广泛采用 45 号碳素结构钢，为消除采用冷拔或冷轧工艺加工为无缝钢管所带来的轧制缺陷，JGJ 107—2016 特别明确了原材料为冷拔或冷轧精密无缝钢管的，应进行退火处理并满足《钢筋机械连接用套筒》JG/T 163 对钢管强度限值和断后伸长率的要求。

不锈钢钢筋连接套筒主要用于不锈钢钢筋的连接，由于不锈钢钢筋具有耐蚀性能存在不同等级指标的特点，因此原材料宜采用与钢筋母材同材质的棒材或无缝钢管，以保证其耐蚀性能相当。但是，对于套筒挤压连接的不锈钢钢筋连接套筒，因需要原材具有较好的塑性，因此无法采用与钢筋同材质的不锈钢材料，需要另行进行专项研究。

（3）接头应用部位

由于 II 级接头仅在单向拉伸试验的残余变形指标上略低于 I 级接头，而强度性能要求与钢筋极限抗拉强度一致，且可以满足绝大多数结构中机械接头应用的需要，为了避免结构施工中钢筋连接成本过高，JGJ 107—2016 推荐在可以采用Ⅱ级接头的部位宜设计为Ⅱ级接头。

JGJ 107—2016 规定：结构构件中纵向受力钢筋的接头宜相互错开。位于同一连接区段内的钢筋机械连接接头的面积百分率应符合下列规定：

1）接头宜设置在结构构件受拉钢筋应力较小部位，高应力部位设置接头时，同一连接区段内Ⅲ级接头的接头面积百分率不应大于 25%，Ⅱ级接头的接头面积百分率不应大于 50%。Ⅰ级接头的接头面积百分率除以下第 2）款和第 4）款所列情况外可不受限制。

2）接头宜避开有抗震设防要求的框架的梁端、柱端箍筋加密区；当无法避开时，应采用Ⅱ级接头或Ⅰ级接头，且接头面积百分率不应大于 50%。

3）受拉钢筋应力较小部位或纵向受压钢筋，接头面积百分率可不受限制。

4）对直接承受重复荷载的结构构件，接头面积百分率不应大于 50%。

（4）混凝土保护层

JGJ 107—2016 规定：连接件的混凝土保护层厚度宜符合现行国家标准《混凝土结构设计规范》GB 50010 中最外层钢筋的混凝土保护层厚度的规定，且不得小于 0.75 倍钢筋最小保护层厚度和 15mm 的较大值。必要时可对连接件采取防锈措施。

2.1.3 接头型式检验

1. 型式检验的条件

1）确定接头性能等级时；
2）套筒材料、规格、接头加工工艺改动时；
3）型式检验报告超过 4 年时。

2. 接头（静载）型式检验试件

每种型式、级别、规格、材料、工艺的钢筋机械连接接头，型式检验试件不应少于 12 个；其中钢筋母材拉伸强度试件，单向拉伸试件，高应力反复拉压试件，及大变形反复拉压试件分别都不应少于 3 个；全部试件的钢筋均应在同一根钢筋上截取。

接头试件的安装要符合要求，试件不得采用经过预拉的试件，以确保接头试件真实地反映该连接工艺和产品的性能和质量。

3. 接头试件型式检验试验方法

执行 JGJ 107—2016 附录 A 的有关规定。

接头试件型式检验加载制度见表 2 - 4。

试验项目		加载制度
单向拉伸		$0 \to 0.6f_{yk} \to 0$（测量残余变形）→ 最大拉力（记录极限抗拉强度）→ 破坏（测定最大力下总伸长率）
高应力反复拉压		$0 \to (0.9f_{yk} \to -0.5f_{yk}) \to$ 破坏（反复20次）
大变形反复拉压	Ⅰ级 Ⅱ级	$0 \to (2\varepsilon_{yk} \to -0.5f_{yk}) \to (5\varepsilon_{yk} \to -0.5f_{yk}) \to$ 破坏（反复4次）　　　　　　　　　　　（反复4次）
	Ⅲ级	$0 \to (2\varepsilon_{yk} \to -0.5f_{yk}) \to$ 破坏（反复4次）

4. 接头疲劳性能型式检验

接头的疲劳性能型式检验试件应取直径不小于 ϕ32mm 钢筋做6根接头试件，分为2组，每组3根；任选表2－5中的2组进行应力试验；经200万次加载后，全部试件均未破坏，则该批疲劳试件型式检验应评为合格。

HRB400 钢筋接头疲劳性能型式检验的试验参数（JGJ 107—2016）　表2－5

应力组别	最小与最大应力比值 ρ	应力幅值（MPa）	最大应力（MPa）
第一组	0.70 ~ 0.75	60	230
第二组	0.45 ~ 0.50	100	190
第三组	0.25 ~ 0.30	120	165

2.1.4　施工与验收要求

1. 接头现场加工与安装

当前，我国应用的钢筋机械连接接头的主要连接方法有三类，一是螺纹套筒连接，二是套筒挤压连接，三是套筒灌浆连接。JGJ 107—2016明确了前两类连接方法在现场的接头加工与安装要求，具体如下：

（1）接头加工生产的条件

1）钢筋丝头现场加工与接头安装应按照接头技术提供单位的要求进行。

接头技术提供单位即接头型式检验报告上的委托单位，是该连接产品设计生产、施工工艺和质量控制等成套技术的提供者。

2）钢筋连接施工现场的操作工人应经专业培训合格后上岗。

操作工人的专业培训应由接头技术提供单位提供并在施工现场进行。如果该单位授权代理商或套筒生产厂家提供服务，也应遵照技术提供单位的相关技术资料和要求执行。

3）钢筋丝头加工与接头安装应经工艺检验合格后方可进行。

批量接头加工前，应按要求完成工艺检验接头试件，检验结果合格后进行后续加工。如果在工艺检验之前进行钢筋接头安装或钢筋丝头加工，一旦工艺检验试件试验结果不合格，需要对加工工艺参数进行调整或更换材料，前面完成的接头或钢筋丝头则不能成为合格品通过验收。

（2）螺纹接头的钢筋丝头加工要求

1）直螺纹钢筋丝头

钢筋端部应采用带锯、砂轮锯或带圆弧形刀片的专用钢筋切断机切平。否则钢筋连接部位或端部可能无法保证后续螺纹加工的质量满足要求。

镦粗头不应有与钢筋轴线相垂直的横向裂纹。在部分高强钢筋镦粗加工时，可能会出现表面的裂纹，钢筋表面有平行于钢筋轴线的且不削弱钢筋接头承载面积的纵向裂纹是可以接受的。

钢筋丝头长度应满足产品设计要求，极限偏差应为 $0 \sim 2.0p$；钢筋丝头长度是保证接头连接强度的重要参数，短的话可能造成螺纹连接强度不足，过长可能因钢筋接头外母材受损长度超过设计要求，而出现承载力不足，因此必须加以控制，且控制范围越小越佳。

钢筋丝头宜满足 $6f$ 级精度要求，应采用专用直螺纹量规检验，通规应能顺利旋入并达到要求的拧入长度，止规旋入不得超过 $3p$。各规格的自检数量不应少于 10%，检验合格率不应小于 95%。钢筋丝头的精度控制取决于螺纹大径和中径，尺寸超大的螺纹将无法拧入或不能全部拧入套筒，造成接头连接长度不足，无法达到设计强度要求；尺寸超小的螺纹会因钢筋螺纹齿牙与套筒内螺纹齿牙啮合高度和齿承载厚度不足，螺纹连接强度低，从而造成接头连接强度不足。

2）锥螺纹钢筋丝头

钢筋端部不得有影响螺纹加工的局部弯曲。弯曲的钢筋端部可能导致螺纹加工时钢筋摆头，影响螺纹加工的锥度和牙型饱满程度，从而对与套筒连接后的螺纹配合面积造成不利影响。

钢筋丝头长度应满足产品设计要求，拧紧后的钢筋丝头不得相互接触，丝头加工长度极限偏差应为 $-1.5p \sim -0.5p$。锥螺纹钢筋丝头需要沿轴线拧入足够深度以使钢筋和套筒的牙型达到最大啮合高度，而丝头加工采用负偏差是为保证接头内不会因丝头过长而相互顶紧，否则一旦出现对顶丝头，必然有至少一端的钢筋丝头拧入深度没有达到设计的位置，造成牙型配合高度不足，接头连接强度即无法达到设计要求。

钢筋丝头的锥度和螺距应采用专用锥螺纹量规检验；各规格丝头的自检数量不应少于 10%，检验合格率不应小于 95%。锥螺纹丝头的锥度精度是保证丝头配合的重要参数，锥度过大或过小，都会使接头中部分丝头无法达到设计的位置，而且形成过大的配合间隙，造成接头极限抗拉强度或残余变形的不合格。

（3）钢筋接头安装的质量要求

1）直螺纹接头

安装接头时用管钳扳手拧紧，标准型、正反丝型、异径型接头安装后钢筋丝头在套筒中央位置相互顶紧，以便减小螺纹间隙，降低接头的残余变形。安装后单侧外露螺纹不宜超过 $2p$。对无法对顶的其他直螺纹接头，应附加锁紧螺母、顶紧凸台等措施紧固，以克服和减小螺纹配合间隙。

接头安装后应用扭力扳手校核拧紧扭矩，拧紧扭矩值应符合规定的拧紧扭矩值。只有拧紧扭矩值达到规定指标，螺纹间隙才能降低到接头性能需要的指标，直径越大的钢筋，要求的拧紧扭矩越大。对于规定拧紧扭矩值不高的接头，也不宜采用超过其规定值 1 挡以上的拧紧扭矩，以防止钢筋丝头与套筒螺纹预先形成过度的应力。

校核用扭力扳手的准确度级别有相应的规定，以免造成施工扭矩的过度偏差。

2）锥螺纹接头

接头安装时应严格保证钢筋与连接件的规格相一致。由于锥螺纹的结构特点，规格相邻的钢筋丝头可能造成混淆，造成丝头配合长度就无法达到设计要求，需要加以特别重视。

接头安装时应用扭力扳手拧紧，拧紧扭矩值应满足规定拧紧扭矩值的要求。锥螺纹螺矩较小，接头强度对拧紧扭矩的敏感度高于直螺纹接头，因此不宜拧紧过度。

3）套筒挤压接头

钢筋端部不得有局部弯曲、严重锈蚀和附着物。钢筋弯曲可能直接影响挤压加工后接头的直线度，严重锈蚀和附着物则会降低套筒挤压后与实际承载的钢筋横肋的配合高度，造成连接强度下降的隐患。

钢筋端部应有挤压套筒后可检查钢筋插入深度的明显标记，钢筋端头离套筒长度中点不宜超过 10mm。以此保证钢筋在套筒内正确的位置，及在套筒外表进行挤压时，套筒被挤压变形部分确实在钢筋有效连接区段，避免造成钢筋端面受压套筒被压空而切断。

挤压应从套筒中央开始，依次向两端挤压，挤压后的压痕直径或套筒长度的波动范围用专用量规检验；压痕处套筒外径应为原套筒外径的 0.80～0.90 倍，挤压后套筒长度应为原套筒长度的 1.10～1.15 倍。挤压从套筒中部开始，可以使套筒变形向两端伸展，如果反向挤压，套筒变形后套筒内钢筋端头与套筒中间相对位置发生改变，最后在套筒中部挤压的压痕可能压在内部无钢筋的空心套筒段，挤压力不变情况下就会造成压痕过深，压痕边缘处套筒横截面面积大幅减小，使接头连接强度降低。挤压变形在规定范围可以从外观判定接头的连接质量，变形不足时可能套筒与钢筋压接处不够紧密，变形过度则可能导致套筒变形大处的横截面承载力低于设计要求。

挤压后的套筒不应有可见裂纹。套筒内外任何部位在挤压过程中或接头完成后出现裂纹，都将造成接头连接强度降低。

2. 接头现场检验与验收

（1）技术资料验收

工程应用接头时，应对接头技术提供单位提交的接头相关技术资料进行审查与验收，包括：

1）工程所用接头的有效型式检验报告；

2）连接件产品设计、接头加工安装要求的相关技术文件；

3）连接件产品合格证和连接件原材料质量证明书；

4）有效且合格的技术资料是应用相关技术和产品的质量保证基础。

（2）接头工艺检验

应针对不同钢筋生产厂的钢筋进行，施工过程中若更换钢筋生产厂或技术提供单位时，应补充进行工艺检验。工艺检验要求：

各种型式接头都进行工艺检验。不同型式的接头工艺检验不可相互替代。

检验项目：单向极限抗拉强度和残余变形。该试验需要由具有工艺检验资质和相关检测仪器、试验设备的检测机构完成，不能用单一的单向极限抗拉强度检测值代替工艺检验结果。

接头试件数量：每种规格钢筋不应少于 3 根，接头试件测量残余变形后继续进行极限抗拉强度试验。每根试件极限抗拉强度和 3 根接头试件残余变形的平均值均符合规定为合格。

（3）钢筋丝头现场检验

钢筋丝头加工时，操作工人应按要求进行自检。

监理或质检部门对现场丝头加工质量有异议时，可随机抽取 3 根接头试件进行极限抗拉强度和单向拉伸残余变形检验。

接头现场抽检项目应包括极限抗拉强度试验、加工和安装质量检验。

抽检应按验收批进行，同钢筋生产厂、同强度等级、同规格、同型式接头应以 500 个为一个验收批进行检验与验收，不足 500 个也应作为一个验收批。

（4）接头安装现场检验

螺纹接头安装后按规定的验收批，抽取其中 10% 的接头进行拧紧扭矩校核，拧紧扭矩值不合格数超过被校核接头数的 5% 时，应重新拧紧全部接头，直到合格为止。

套筒挤压接头按验收批抽取 10% 接头，检查压痕直径或挤压后套筒长度；钢筋插入套筒深度应满足产品设计要求，检查不合格数超过10%时，可在本批外观检验不合格的接头中抽取3个试件做极限抗拉强度试验，并进行评定。

对接头的每一验收批在工程结构中随机抽取3个接头试件做极限抗拉强度试验，按设计要求的接头等级进行评定。

当3个接头试件的极限抗拉强度均符合相应等级的强度要求时，该验收批应评为合格。如仅有1个试件的极限抗拉强度不符合要求，应再取6个试件进行复检。

对封闭环形钢筋接头、钢筋笼接头、地下连续墙预埋套筒接头、不锈钢钢筋接头、装配式结构构件间的钢筋接头和有疲劳性能要求的接头，可见证取样，在已加工并检验合格的钢筋丝头成品中随机割取钢筋试件，按要求与随机抽取的进场套筒组装成3个接头试件做极限抗拉强度试验，按设计要求的接头等级进行评定。

2.2 《钢筋套筒灌浆连接应用技术规程》JGJ 355—2015

2.2.1 钢筋灌浆连接技术背景

装配式混凝土结构建筑是将主要混凝土构件在工厂预制成型，构件运输到建筑施工现场，安装在既有结构上，通过少量现浇混凝土作业，将所有预制构件连成一体，形成最终的建筑物。

预制构件钢筋连接是装配式混凝土结构安全的关键之一，可靠的连接方法才能使预制构件连接成为整体，满足结构安全的要求，同时还需要便于安装和使用。为了减少现场混凝土湿作业量，预制构件的连接节点采用预埋在构件内的形式居多。多层结构装配式混凝土建筑中，预制构件可以采用的钢筋连接方法较多，如约束钢筋浆锚搭接法、波纹管浆锚搭接法、套筒灌浆连接法、预埋钢件干式连接方法。大型、高层混凝土结构以及有抗震设防要求的高层建筑采用干式连接还不能得到足够的刚性结构，而预埋在构件体内的节点无法直接连接，因此采用灌浆连接，包括套筒灌浆连接和浆锚搭接连接等方法，成为装配式混凝土该类型结构中受力钢筋的主要连接方法。

1. 约束钢筋浆锚搭接连接

约束钢筋浆锚搭接连接技术原理为：在竖向应用的预制混凝土构件中，首先在构件下端部预埋连接钢筋外设置环状约束箍筋，靠紧连接钢筋处设置一个安装另一构件连接钢筋的预留孔成型模具，环状约束箍筋将预埋连接钢筋及预留孔模具围在其环圈内，在预留孔上下两端设有与构件侧外表面相连通的灌浆孔和出浆孔成型模具，最终预制构件浇筑成型时抽出预留孔和灌浆孔、出浆孔成型模具，最终在预制构件成品上形成了各个连接钢筋的预留孔、灌浆孔和出浆孔。构件在现场安装时，将另一构件的连接钢筋全部插入该构件上对应的钢筋预留孔后，从构件下部各个灌浆孔向各个预留孔内灌注高强灌浆料，灌浆料从所有连接钢筋预留孔上部的出浆孔流出灌浆料即充满预留孔与连接钢筋的间隙，灌浆料凝固后，即形成外部具有约束箍筋的钢筋搭接锚固接头，从而完成两个构件之间的钢筋连接。见图 2-1。

2. 波纹管浆锚搭接连接

波纹管浆锚搭接法技术原理为：在竖向应用的预制混凝土构件中，首先在构件下端部预埋连接钢筋外绑设一条大口径金属波纹管，金属波纹管贴紧预埋连接钢筋并延伸到构件下端面形成一个波纹管孔洞，波纹管另一端向上从预制构件侧壁引出，预制构件浇筑成型后每根连接钢筋旁都形成一根波纹管形成的预留孔。构件在现场安装时，将另一构件的连接钢筋全部插入该构件上对应的波纹管内后，从波纹管上方孔注入高强灌浆料，灌浆料充满波纹管与连接钢筋的间隙，灌浆料凝固后即形成一个钢筋搭接锚固接头，实现两个构件之间的钢筋连接。见图 2-2。

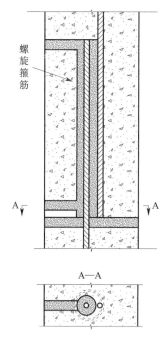

图 2-1　约束钢筋浆锚搭接连接示意图

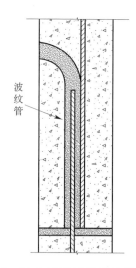

图 2-2　波纹管浆锚搭接连接示意图

3. 套筒灌浆连接

套筒灌浆连接技术原理为：一种金属灌浆连接套筒，套筒两端侧壁分别设有灌浆孔和出浆孔，将两根钢筋插入该套筒内，通过灌浆孔注入高强灌浆料，灌浆料从出浆孔流出，套筒内部的灌浆料充满套筒内壁与钢筋的间隙，灌浆料凝固后完成两根钢筋的连接。

实际应用在竖向预制构件时，通常将灌浆连接套筒现场连接端固定在构件下端部模板上，另一端即预埋端的孔口安装密封圈，构件内预埋的连接钢筋穿过密封圈插入灌浆连接套筒的预埋端，套筒两端侧壁上灌浆孔和出浆孔分别引出两条灌浆管和出浆管连通至构件外表面，预制构件成型后，套筒下端为连接另一构件钢筋的灌浆连接端。与约束浆锚搭接连接相似，构件在现场安装时，将另一构件的连接钢筋全部插入该构件上对应的灌浆连接套筒内，从构件下部各个套筒的灌浆孔向各个套筒内灌注高强灌浆料，至灌浆料充满套筒与连接钢筋的间隙从所有套筒上部出浆孔流出，灌浆料凝固后，即形成钢筋套筒灌浆接头，而完成两个构件之间的钢筋连接。

如果灌浆套筒设在竖向预制构件的上端，套筒侧壁可以不设灌浆孔和出浆孔，在构件安装现场，先将灌浆料灌入套筒内，再将上方构件钢筋缓慢插入灌浆套筒，也可以完成套筒灌浆连接，此方法俗称倒插法灌浆连接，见图2-3。

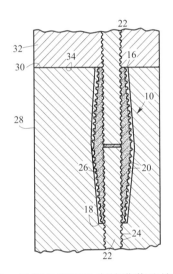

图 2-3　早期的倒插法套筒灌浆连接示意图

10—灌浆套筒；16—灌浆套筒上端；18—灌浆套筒预埋端；20—沟槽；22—钢筋；24—凸起横肋；
26—水泥灌浆料；28—下部构件体；30—下部构件上端面；32—上部构件体；34—上部构件下端面

套筒灌浆连接也可连接混凝土现浇部位的水平钢筋，事先将灌浆套筒安装在一端钢筋上，两端连接钢筋就位后，将套筒从一端钢筋移动到两根钢筋中部，两端钢筋均插入套筒达到规定的深度，再从套筒侧壁通过灌浆孔注入灌浆料，至灌浆料从出浆孔流出，灌浆料充满套筒内壁与钢筋的间隙，灌浆料凝固后即将两根水平钢筋连接在一起。在保证套筒内灌浆料充满的条件下，斜向钢筋的连接也可以实现套筒灌浆连接。

套筒灌浆连接技术的历史已有几十年，1968年美国，Alfred A. Yee申请美国发明专利，首个工程是美国檀香山的阿拉莫阿纳酒店38层框架结构建筑，用该技术连接预制混凝土柱。随后几十年的发展，该技术在欧美国家的工业化建筑中已经成为一项成熟的钢筋连接技术。

日本 NMB 公司吸收消化了美国的灌浆连接技术，并进行了发展。1984 年日本建设省确认 NMB 套筒灌浆连接工法，其灌浆套筒体积小，应用范围广，包括装配式混凝土结构住宅、学校、购物中心、超高层商务办公楼、旅馆、停车场等，建筑高度最高已达到 200 多米，这些建筑物均经受住了大地震的实际考验。日本的灌浆接头产品见图 2-4。

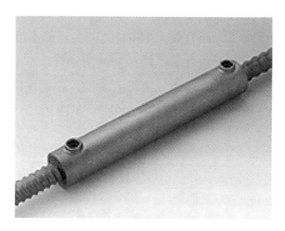

图 2-4　日本套筒灌浆接头

在我国，2009 年北京思达建茂科技发展有限公司与北京万科企业有限公司研发了新型钢制机加工套筒灌浆钢筋接头，并申请和获得了我国自主灌浆连接技术的第 1 个发明专利，2010 年该技术首次于北京万科假日风景装配式整体剪力墙结构住宅 D1#、D8#楼取得成功应用。我国自主开发的套筒灌浆技术和产品以其成本低，又符合我国钢筋产品实际国情的显著优势，逐渐替代了进口产品。目前，国内已有多家企业开发出有关产品，至今套筒灌浆连接技术已在国内多个建筑工业化发展地区广泛应用，特别是在我国抗震设防较高的地区，高层住宅建筑大多采用了套筒灌浆连接方法，工程数量达数百个，该技术已成为我国装配式住宅建筑的重要施工技术。为了规范相关混凝土结构工程中钢筋套筒灌浆连接技术的应用，做到安全适用、经济合理、技术先进、确保质量，住房和城乡建设部组织有关单位编制了《钢筋套筒灌浆连接应用技术规程》JGJ 355—2015（以下简称"JGJ 335—2015"），并于 2015 年 9 月 1 日开始实施。

2.2.2　材料、接头性能和设计要求

1. 材料

套筒灌浆连接的钢筋应为符合现行国家标准《钢筋混凝土用钢　第 2 部分：热轧带肋钢筋》GB 1499.2、《钢筋混凝土用余热处理钢筋》GB 13014 要求的带肋钢筋。钢

筋直径不宜小于12mm，且不宜大于40mm。

灌浆套筒应符合现行行业标准《钢筋连接用灌浆套筒》JG/T 398 的规定。

为了使预制构件的连接钢筋在现场方便地插入套筒灌浆腔内，要求套筒灌浆端最小内径与连接钢筋公称直径的差值应符合：直径 $\phi 12 \sim \phi 25$mm 钢筋不宜小于 10mm，直径 $\phi 28 \sim \phi 32$mm 钢筋不宜小于 15mm。

为了保证灌浆连接现场在各类干扰或影响下完成的灌浆接头的连接强度具有较高的可靠度，基于《钢筋连接用套筒灌浆料》JG/T 398 规定的灌浆料最低强度指标，要求灌浆套筒用于钢筋锚固的深度不宜小于插入钢筋公称直径的 8 倍。

灌浆料性能应符合现行行业标准《钢筋连接用套筒灌浆料》JG/T 408 的要求，其主要性能指标包括：初始流动度，30min 流动度，3h 竖向膨胀率，24h 与 3h 竖向膨胀率差值，1d、3d、28d 抗压强度值。其中最重要的技术指标为：30min 流动度不低于260mm，用以保证现场灌浆的操作时间；3d 抗压强度不低于 60MPa，用于确保装配式结构后续施工前，构件中灌浆接头的承载能力达到最终抗压强度的 70% 以上，以提高后续施工和安装效率；28d 抗压强度不低于 85MPa，用于保证套筒灌浆接头的承载能力达到连接设计要求。

2. 接头性能

套筒灌浆接头作为一种钢筋机械接头同样要满足强度和变形性能要求。

钢筋套筒灌浆连接接头的屈服强度不应小于连接钢筋屈服强度标准值；抗拉强度不小于连接钢筋抗拉强度标准值，且破坏时要求断于接头外钢筋，即该接头不允许在拉伸时破坏在接头处。

套筒灌浆连接接头在经受规定的高应力和大变形反复拉压循环后，抗拉强度仍应符合以上规定。

套筒灌浆连接接头的变形性能要求与 JGJ 107—2016 中最高级的 I 级接头的性能相同。但当频遇荷载组合下，构件中钢筋应力高于钢筋屈服强度标准值 f_{yk} 的 0.6 倍时，设计单位可对单向拉伸残余变形的加载峰值 u_0 提出调整要求。

3. 设计要求

采用套筒灌浆连接时，混凝土结构设计要符合国家现行标准《混凝土结构设计规范》GB 50010、《建筑抗震设计规范》GB 50011、《装配式混凝土结构技术规程》JGJ 1 的有关规定。

采用套筒灌浆连接的构件混凝土强度等级不宜低于C30。

采用符合 JGJ 355—2015 规定的套筒灌浆连接接头时，全部构件纵向受力钢筋可在同一截面上连接。但全截面受拉构件不宜全部采用套筒灌浆连接接头。

应用套筒灌浆连接接头时，混凝土构件设计还应符合下列规定：

（1）接头连接钢筋的强度等级不应高于灌浆套筒规定的连接钢筋强度等级。

（2）接头连接钢筋的直径规格不应大于灌浆套筒规定的连接钢筋直径规格，且不宜小于灌浆套筒规定的连接钢筋直径规格一级以上。

钢筋直径不得大于套筒规定的连接钢筋直径，是因为套筒内锚固钢筋灌浆料可能过薄而锚固性能降低，除非以充分试验证明其接头施工可靠性和连接性能满足设计要求。灌浆连接的钢筋直径规格不应小于其规定的直径规格一级以上，除由于套筒预制端的钢筋是居中的，现场安装时连接的钢筋直径越小，套筒两端钢筋轴线的极限偏心越大，而连接钢筋偏心过大即可能对构件承载带来不利影响，还可能由于套筒内壁距离钢筋较远而对钢筋锚固约束的刚性下降，接头连接强度下降。同样如果有充分的试验验证后，套筒规定的连接钢筋直径范围扩大，套筒两端连接的钢筋直径就可以相差一个直径规格以上。

（3）构件配筋方案、构件钢筋插入灌浆套筒的锚固长度、构件底部设置排气孔、浆套筒的净距、混凝土保护层厚度等也应符合相应的规定。

2.2.3　接头型式检验

1. 型式检验条件

包括与 JGJ 107—2016 标准的型式检验要求相同的条件：确定接头性能时；灌浆套筒材料、工艺、结构改动时；型式检验报告超过 4 年三个条件外，增加了灌浆料型号、成分改动或钢筋强度等级、肋形发生变化，也需要进行接头型式检验的条件。

接头型式检验明确要求试件用钢筋、灌浆套筒、灌浆料应符合 JGJ 355—2015 对于材料的各项要求。

2. 型式检验试件数量与检验项目

（1）对中接头试件 9 个，其中 3 个做单向拉伸试验、3 个做高应力反复拉压试验、3 个做大变形反复拉压试验；

（2）偏置接头试件 3 个，做单向拉伸试验；

（3）钢筋试件 3 个，做单向拉伸试验；

（4）全部试件的钢筋应在同一炉（批）号的 1 根或 2 根钢筋上截取；接头试件钢筋的屈服强度和抗拉强度偏差不宜超过 30MPa。

3. 型式检验灌浆接头试件制作要求

型式检验的套筒灌浆连接接头试件要在检验单位监督下由送检单位制作，且符合以下规定：

（1）3个偏置单向拉伸接头试件应保证一端钢筋插入灌浆套筒中心，一端钢筋偏置后钢筋横肋与套筒壁接触；9个对中接头试件的钢筋均应插入灌浆套筒中心；所有接头试件的钢筋应与灌浆套筒轴线重合或平行，钢筋在灌浆套筒内的插入深度应为灌浆套筒的设计锚固深度。型式检验接头模拟施工条件制作见图2-5；

图2-5 型式检验接头模拟施工条件制作

（2）接头应按JGJ 355—2015的有关规定进行灌浆；对于半灌浆套筒连接，机械连接端的加工应符合JGJ 107—2016的有关规定；

（3）采用灌浆料拌合物制作的40mm×40mm×160mm试件不应少于1组，并宜留设不少于2组，见图2-6；

图2-6 接头型式检验留置灌浆料抗压强度试件

（4）接头试件及灌浆料试件应在标准养护条件下养护；

（5）接头试件在试验前不应进行预拉。

灌浆料为水泥基制品，其最终实际抗压强度将是在一定范围内的数值，只有型检接头试件的灌浆料实际抗压强度在其设计强度的最低值附近时，接头才能反映出接头性能的最低状态，如果该试件能够达到规定性能，则实际施工中的同样强度的灌浆料连接的接头才能被认为是安全的。JGJ 355—2015 要求型式检验接头试件在试验时，灌浆料抗压强度不应小于 $80\text{N}/\text{mm}^2$，且不应大于 $95\text{N}/\text{mm}^2$；如灌浆料 28d 抗压强度的合格指标（f_g）高于 $85\text{N}/\text{mm}^2$，试验时的灌浆料抗压强度低于 28d 抗压强度合格指标（f_g）的数值不应大于 $5\text{N}/\text{mm}^2$，且超过 28d 抗压强度合格指标（f_g）的数值不大于 $10\text{N}/\text{mm}^2$ 与 $0.1f_g$ 二者的较大值。灌浆料抗压强度试件制作见图 2-6。

4. 套筒灌浆接头的型式检验试验方法

JGJ 355—2015 对灌浆接头型式检验的试验方法和要求与 JGJ 107—2016 的有关规定基本相同，但由于灌浆接头的套筒长度大约在 11~17 倍钢筋直径，远远大于其他机械连接接头，进行型式检验的大变形反复拉压试验时，如按照 JGJ 107—2016 规定的变形量控制，套筒本体几乎没有变形，要依靠套筒外的 4 倍钢筋直径长度的变形达到 10 多倍钢筋直径的变形量对灌浆接头来说过于严苛，经试验研究后 JGJ 355—2015 将本项试验的变形量计算长度 L_g 进行了适当的折减，其中：

全灌浆套筒连接 $L_g = \dfrac{L}{4} + 4d_s$；

半灌浆套筒连接 $L_g = \dfrac{L}{2} + 4d_s$。

式中，L——灌浆套筒长度；d_s——钢筋公称直径。

型式检验接头的灌浆料抗压强度符合规定，且型式检验试验结果符合要求时，才可评为合格。

2.2.4 施工要求与验收

1. 构件生产厂

（1）材料和人员

采用套筒灌浆连接应采用由接头型式检验确定的相匹配的灌浆套筒、灌浆料。

接头连接施工的操作人员应经专业培训后上岗。操作人员在掌握连接产品的技术要求后，在生产中遵照工艺纪律认真完成施工作业的各项内容，才能保证接头的质量。

（2）构件制作

为保证构件钢筋灌浆连接能够顺利完成，构件生产时对钢筋及灌浆套筒的安装要求如下：

1）采用全灌浆套筒时，连接钢筋应逐根插入灌浆套筒内，且插入深度满足设计深度要求。插入深度不足，该端的钢筋连接性能可能达不到设计要求；插入过深，则可能影响另一端钢筋插入到位，造成另一端连接性能的降低。

2）灌浆套筒安装钢筋时，套筒要固定在模具上，且应与柱底、墙底模板相垂直。如果套筒不垂直于固定该套筒的模板，造成套筒偏斜，现场构件安装时下部构件的连接钢筋可能无法顺利插入到套筒内规定的深度。钢筋和套筒均应固定稳固，否则浇筑构件混凝土时套筒或钢筋可能在冲击力下发生移位，将影响现场构件的连接钢筋安装。

3）与灌浆套筒连接的灌浆管、出浆管也应结实并在规定的位置安装稳固。

4）应保证构件混凝土浇筑时各处不能向灌浆套筒内漏浆。灌浆套筒内如流入混凝土，将使连接套筒专用灌浆料无法灌入套筒与钢筋的间隙或者无法与套筒筒壁直接接触，接头的承载能力必然降低。

（3）半灌浆套筒机械连接端加工连接

采用半灌浆套筒的构件，套筒的机械连接端连接的钢筋加工、安装、质量检查等要应符合 JGJ 107—2016 的规定。

（4）构件隐蔽工程检查

预制构件生产中，在浇筑混凝土之前，要进行钢筋等隐蔽工程的检查，包括：

纵向受力钢筋的牌号、规格、数量、位置；灌浆套筒的型号、数量、位置及灌浆孔、出浆孔、排气孔的位置；钢筋的连接方式、接头位置、接头质量、接头面积百分率、搭接长度、锚固方式及锚固长度；箍筋、横向钢筋的牌号、规格、数量、间距、位置，箍筋弯钩的弯折角度及平直段长度；预埋件的规格、数量和位置。

（5）预制构件成品检查

预制构件出厂前，每件产品都要逐项做好外观检查，发现问题的可以返修或另行处理，严禁将不合格的构件送到安装施工现场。预制构件的成品与钢筋灌浆连接相关的检验项目有：

1）灌浆套筒的位置及外露钢筋位置和长度偏差要符合 JGJ 355—2015 的相关规定。

2）确保灌浆套筒、灌浆孔和出浆孔数量正确，且应通畅、无杂物。

2. 现场安装与连接

（1）材料和人员

套筒灌浆连接应采用由接头型式检验确定的相匹配的灌浆套筒、灌浆料。预制构件内已安装的灌浆套筒，其接头型检报告中的灌浆料为首选材料。

如安装施工单位选择其他型号的灌浆料，则由现场施工单位作为接头提供单位完成灌浆套筒和其他灌浆料相配合使用的接头型式检验，注意接头型式检验的灌浆套筒必须确保与构件所用的灌浆套筒一致。取得合格的接头型式检验报告后，再采用预制构件所使用的同批号钢筋和灌浆套筒，补充完成原批号套筒灌浆接头抗拉强度试验，全部合格后，方可实施构件的安装和连接施工。

灌浆施工的操作人员应经专业培训后上岗。灌浆料使用及灌浆连接应符合接头提供单位的技术要求。

施工现场灌浆料宜存储在室内，并采取有效的防雨、防潮、防晒措施，避免灌浆料受潮失效。

（2）编制施工方案和实体试验

套筒灌浆连接施工前须结合项目实际情况编制专项施工方案。

首次施工，宜选择有代表性的单元或部位，由经过培训的人员进行试制作、试安装、试灌浆，确认和完善施工方案的各项细节。

（3）构件安装

预制构件连接部位存在现浇混凝土施工的，要预先设置定位架等措施，保证混凝土外露钢筋的水平位置、伸出长度和顺直度，并避免钢筋被混凝土污染。

预制构件就位前，检查现浇结构安装面质量。

现浇结构与预制构件的结合面应符合设计及现行行业标准《装配式混凝土结构技术规程》JGJ 1 的有关规定；现浇结构的外露连接钢筋的位置、尺寸偏差，连接钢筋在构件底面标高以上的长度尺寸（插入灌浆套筒内的钢筋长度）不应短于接头型式检验报告中"灌浆套筒设计尺寸"栏中确定的钢筋插入深度值，超过允许偏差的应予以处理；外露连接钢筋的表面不得粘连混凝土、砂浆，不得有影响连接性能的锈蚀；当外露连接钢筋倾斜时，应校正至满足连接要求。

预制柱、墙安装前，预制构件及其支承构件间应设置垫片。垫片承载能力应经过验算满足结构需要。

预制构件吊装前，应检查构件的类型与编号。检查并确认灌浆套筒内干净、无杂物，如有影响灌浆、出浆的异物须清理干净。

预制构件的临时固定措施的设置应符合现行国家标准《混凝土结构工程施工规范》GB 50666 的有关规定。

采用联通腔灌浆方式时，灌浆施工前应对各联通灌浆区域进行封堵，且封堵材料不应减小结合面的设计面积。

（4）灌浆施工

1）灌浆施工方案

钢筋水平连接时，灌浆套筒应各自独立灌浆；

竖向构件宜采用联通腔灌浆，并合理划分联通灌浆区域；每个区域除预留灌浆孔、出浆孔与排气孔（有些需要设置排气孔）外，应形成密闭空腔，且保证灌浆压力下不漏浆；联通灌浆区域内任意两个灌浆套筒间距不宜超过 1.5m；

竖向预制构件不采用联通腔灌浆方式时，构件就位前应设置坐浆层或套筒下端密封装置。

2）灌浆料的使用

灌浆料使用时应检查产品包装上印制的有效期和产品外观，无过期情况和异常现象后方可开袋使用。

灌浆料的拌合用水应符合现行行业标准《混凝土用水标准》JGJ 63 的相关规定及产品说明书的要求；料拌合水量应按灌浆料使用说明书要求确定，并按重量计量；灌浆料拌合应采用电动设备，搅拌充分、均匀，宜静置 2min 后使用；灌浆料搅拌完成后，任何情况下不得再次加水。

每工作班应检查灌浆料拌合物初始流动度不少于 1 次，确认合格后，方可用于灌浆；留置灌浆料强度检验试件的数量应符合验收及施工控制要求。

3）灌浆施工环境温度要求

灌浆施工时，环境温度应符合灌浆料产品使用说明书要求；环境温度低于 5℃时不宜施工，低于 0℃时不得施工；当环境温度高于 30℃时，应采取降低灌浆料拌合物温度的措施。

4）灌浆施工遵循的重要事项

首先，须按施工方案执行灌浆作业。

灌浆操作全过程应有专职检验人员负责现场监督并及时形成施工检查记录。

竖向钢筋套筒灌浆连接，灌浆应采用压浆法从灌浆套筒下方灌浆孔注入，当灌浆料从构件上本套筒和其他套筒的灌浆孔、出浆孔流出后应及时封堵。

竖向钢筋套筒灌浆连接用连通腔工艺灌浆时，采用一点灌浆的方式；当一点灌浆遇到问题而需要改变灌浆点时，各套筒已封堵灌浆孔、出浆孔应重新打开，待灌浆料拌合物再次流出后进行封堵。

水平钢筋套筒灌浆连接，灌浆作业应采用压浆法从灌浆套筒一侧灌浆孔注入，当拌合物在另一侧出浆孔流出时应停止灌浆。套筒灌浆孔、出浆孔应朝上，保证灌满后浆面高于套筒内壁最高点。

灌浆料宜在加水后 30min 内用完，以防后续灌浆遇到意外情况时灌浆料可流动的操作时间不足。

散落的灌浆料拌合物成分已经改变，不得二次使用；剩余的灌浆料拌合物由于已经发生水化反应，如再次加灌浆料、水后混合使用，可能出现早凝或泌水，故不能使用。

5）灌浆施工异常的处置

接头灌浆时出现无法出浆的情况时，应查明原因，采取补救施工措施：对于未密实饱满的竖向连接灌浆套筒，当在灌浆料加水拌合 30min 内时，应首选在灌浆孔补灌；当灌浆料拌合物已无法流动时，可从出浆孔补灌，并应采用手动设备结合细管压力灌浆，但此时应制定专门的补灌方案并严格执行。

水平钢筋连接灌浆施工停止后 30s，如发现灌浆料拌合物下降，应检查灌浆套筒两端的密封或灌浆料拌合物排气情况，并及时补灌或采取其他措施。

补灌应在灌浆料拌合物达到设计规定的位置后停止，并应在灌浆料凝固后再次检查其位置符合设计要求。

3. 工程验收

（1）预制构件厂的验收

采用钢筋套筒灌浆连接的混凝土结构验收应符合现行国家标准《混凝土结构工程施工质量验收规范》GB 50204 的有关规定，划入装配式结构分项工程；预制混凝土构件进场验收也应按该标准的有关规定进行。因此，预制构件厂应遵照上述标准做好验收资料的准备。套筒灌浆连接产品进场验收及生产验收过程中的监督检查主要有以下内容：

1）技术资料

产品的合格证及所有规格接头的有效型式检验报告（有关型式检验报告格式参考附录 E），预制构件厂核查相关内容：

构件中应用的各种钢筋强度级别、直径对应的型式检验报告应齐全，报告应合格有效；

型式检验报告送检单位与现场提供接头技术的单位一致；

型式检验报告中的接头类型，灌浆套筒规格、级别、尺寸，灌浆料型号与现场使用的产品一致；

型式检验报告应在 4 年有效期内，报告内容应包括 JGJ 355—2015 附录 A 规定的所有内容。

产品的合格证应符合现行行业标准《钢筋连接用灌浆套筒》JG/T 398 的要求。不同产品批号的套筒应有可追溯的原材料性能资料。

2）接头工艺检验

灌浆施工前，应对不同钢筋生产企业的进场钢筋进行接头工艺检验；施工过程中，当更换钢筋生产企业，或同生产企业生产的钢筋外形尺寸与已完成工艺检验的钢筋有较大差异时，应再次进行工艺检验。接头工艺检验应符合下列规定：

灌浆套筒埋入预制构件时，工艺检验应在预制构件生产前进行。

工艺检验应模拟施工条件制作接头试件，并按接头提供单位提供的施工操作要求进行。

每种规格钢筋应制作3个对中套筒灌浆连接接头,并应检查灌浆质量。

采用灌浆料拌合物制作的40mm×40mm×160mm试件不应少于1组。

接头试件及灌浆料试件应在标准养护条件下养护28d。

每个接头试件的抗拉强度、屈服强度和3个接头试件残余变形的平均值均应符合JGJ 355—2015的规定;灌浆料抗压强度应符合JGJ 355—2015规定的28d强度要求。

工艺检验合格后,灌浆套筒方可批量进厂使用。

3)套筒外观检验

批量灌浆套筒进厂时,应抽取灌浆套筒检验外观质量、标识和尺寸偏差,检验结果应符合现行行业标准《钢筋连接用灌浆套筒》JG/T 398及JGJ 355—2015的有关规定。

检查数量:同一批号、同一类型、同一规格的灌浆套筒,检验批量不应大于1000个,每批随机抽取10个灌浆套筒。

检验方法:观察,尺量检查。

4)半灌浆套筒机械连接钢筋加工质量检验

按JGJ 107—2016的有关规定执行。

对于主要采用的直螺纹接头,检查丝头直径和长度尺寸,安装拧紧扭矩和安装后套筒外露丝扣长度。

5)灌浆套筒抗拉强度检验

灌浆套筒进厂后,应抽取灌浆套筒制作对中连接接头试件,进行抗拉强度检验。

抗拉强度检验接头试件应模拟施工条件,采用接头型式检验报告试件采用的灌浆料按施工方案制作。

接头试件及灌浆料试件应在标准养护条件下养护28d。制作接头的灌浆料性能应符合现行行业标准《钢筋连接用套筒灌浆料》JG/T 408—2013(以下简称"JG/T 408—2013")的规定;当灌浆料产品设计的抗压强度超过该标准相关指标时,还应同时符合产品企业标准的相关要求。

接头试件的抗拉强度试验采用零到破坏的一次加载制度,并符合JGJ 107—2016的有关规定。

检验结果均应符合JGJ 355—2015第3.2.2条的有关规定。

检查数量:同一批号、同一类型、同一规格的灌浆套筒,检验批量不应大于1000个,每批随机抽取3个灌浆套筒制作对中连接接头。

检验方法:检查质量证明文件和抽样检验报告。

(2)构件安装施工现场验收

现场依据现行国家标准《混凝土结构工程施工质量验收规范》GB 50204装配式结

构分项工程，对采用钢筋套筒灌浆连接的混凝土结构进行验收。

1）技术资料

灌浆接头型式检验报告应符合 JGJ 355—2015 的相关要求。

灌浆料型检报告应符合 JG/T 408—2013 的要求及型检报告中对灌浆料规定的 28d 抗压强度指标要求。

2）接头工艺检验

检验在灌浆施工前进行并取得合格报告，检验各项要求与预制构件厂一致。

除现场灌浆施工单位和人员与预制构件厂是同单位同批人员，其他施工单位和人员均应对钢筋接头进行工艺检验，合格后，方可施工。

3）灌浆料复检

灌浆料进场时，应对灌浆料拌合物 30min 流动度、泌水率及 3d 抗压强度、28d 抗压强度、3h 竖向膨胀率、24h 与 3h 竖向膨胀率差值进行检验，检验结果应符合 JGJ 355—2015 第 3.1.3 条的有关规定。

检查数量：同一成分、同一批号的灌浆料，不超过 50t 为一批，每批按 JG/T 408—2013 的有关规定随机抽取灌浆料制作试件。

检验方法：检查质量证明文件和抽样检验报告。

4）施工验收

灌浆施工的验收包括：灌浆料抗压强度检验、接头灌浆饱满度检验和质量监督机构提出的现场灌浆接头强度检验。

用于检验抗压强度的灌浆料试件应在施工现场制作，灌浆料的 28d 抗压强度值应符合 JGJ 355—2015 规程的规定。

检查数量：每工作班取样不得少于 1 次，每楼层取样不得少于 3 次。每次抽取 1 组 40mm×40mm×160mm 的试件，标准养护 28d 后进行抗压强度试验。

检验方法：检查灌浆施工记录及抗压强度试验报告。

对接头灌浆饱满度的检验，要求观察套筒灌浆孔和出浆孔外观，灌浆应密实饱满，所有出浆口均应出浆。

检查数量：全数检查。

检验方法：观察，检查灌浆施工记录。

灌浆接头强度检验及方法与灌浆套筒的抗拉强度检验相同。

检验数量：由质量监督机构确定，可以按 JGJ 107—2016 的组批原则，每 500 个为一批，也可以按 JGJ 355—2015 的组批原则，每 1000 个为一批，每批制作 3 个拉伸试件，标准养护 28d 后进行抗压强度试验。

检验方法：抗压强度试验报告。

5）检验结果不合格的处理

当施工过程中灌浆料抗压强度、灌浆质量不符合要求时，应由施工单位提出技术处理方案，经监理、设计单位认可后进行处理。对经处理后的部位重新验收。

检查数量：全数检查。

检验方法：检查处理记录。

2.3 其他标准的相关要求

2.3.1 《装配式混凝土结构技术规程》JGJ 1—2014

1. 连接材料

钢筋套筒灌浆连接接头采用的套筒应符合现行行业标准《钢筋连接用灌浆套筒》JG/T 398 的规定。

钢筋套筒灌浆连接接头采用的灌浆料应符合现行行业标准《钢筋连接用套筒灌浆料》JG/T 408 的规定。

2. 连接设计

装配整体式结构中，节点及接缝处的纵向钢筋连接宜根据接头受力、施工工艺等要求选用机械连接、套筒灌浆连接、浆锚搭接连接、焊接连接、绑扎搭接连接等连接方式，并应满足现行相关标准的要求。

预制构件与后浇混凝土、灌浆料、坐浆材料的结合面应设置粗糙面、键槽，并应满足下列规定：

1）预制板与后浇混凝土叠合层之间的结合面应设置粗糙面。

2）预制梁与后浇混凝土叠合层之间的结合面应设置粗糙面；预制梁端面应设置键槽且宜设置粗糙面。键槽的尺寸和数量应按现行行业标准《装配式混凝土结构技术规程》JGJ 1（以下简称"JGJ 1—2014"）的规定计算；键槽的深度 t 不宜小于 30mm，宽度 w 不宜小于深度的 3 倍且不宜大于深度的 10 倍，键槽可贯通截面，当不贯通时槽口距离截面边缘不宜小于 50mm，键槽间距宜等于键槽高度；键槽端部斜面倾角不宜大于 30°。

3）预制剪力墙的顶部和底部与后浇混凝土的结合面应设置粗糙面；侧向面与后浇混凝土的结合面应设置粗糙面或键槽；键槽深度 t 不宜小于 20mm，宽度 w 范围在深度的 3~10 倍之间，键槽间距宜等于键槽高度；键槽端部斜面倾角不宜大于 30°。

4）预制柱的底部应设置键槽且宜设置粗糙面，键槽应均匀布置，键槽深度不宜小于 30mm，键槽端部斜面倾角不宜大于 30°，柱顶应设置粗糙面。

5）粗糙面的面积不宜小于结合面的 80%，预制板的粗糙面凹凸深度不应小于 4mm，预制梁端、预制柱端、预制墙端的粗糙面凹凸深度不应小于 6mm。

3. 构件制作与结构施工

JGJ 1—2014 强制性条文规定：预制结构构件采用钢筋套筒灌浆连接时，应在构件生产前进行钢筋套筒灌浆连接接头的抗拉强度试验，每种规格连接接头试件数量不应少于 3 个。预制构件厂按 JGJ 355—2015 进行的工艺检验可与本项检验合并为同一检验。

钢筋套筒灌浆前，应在现场模拟构件连接接头的灌浆方式，每种规格钢筋应制作不少于 3 个套筒灌浆连接接头，进行灌注质量以及接头抗拉强度的检验，经检验合格后，方可进行灌浆作业。

采用钢筋套筒灌浆连接、钢筋浆锚搭接连接的预制构件就位前，应检查下列内容：

套筒、预留孔的规格、位置、数量和深度；被连接钢筋的规格、数量、位置和长度。

当套筒、预留孔内有杂物时，应清理干净；当连接钢筋倾斜时，应进行校直。连接钢筋偏离套筒或孔洞中心线不宜超过 5mm。

墙、柱构件的安装应符合下列规定：

构件安装前，应清洁结合面；构件底部应甚至可调整接缝厚度和底部标高的垫块；钢筋套筒灌浆连接接头、钢筋浆锚搭接连接接头灌浆前，应对接缝周围进行封堵，封堵措施应符合结合面承载力设计要求。

多层预制剪力墙底部采用坐浆材料时，其厚度不宜大于 20mm。

钢筋套筒灌浆连接接头、钢筋浆锚搭接连接接头应按检验批划分要求及时灌浆，灌浆作业应符合国家现行有关标准及施工方案的要求。

4. 工程验收

装配式混凝土结构验收时，除应按现行国家标准《混凝土结构工程施工质量验收规范》GB 50204 的要求提供文件和记录外，尚应提供下列文件和记录：

工程设计文件、预制构件制作和安装的深化设计图；预制构件、主要材料及配件的质量证明文件、进场验收记录、抽样复验报告；预制构件安装施工记录；钢筋套筒灌浆、浆锚搭接连接的施工检验记录；后浇混凝土部位的隐蔽工程检查验收文件；后浇混凝土、灌浆料、坐浆材料强度检测报告；外墙防水施工质量检验记录；装配式结构分项工程质量验收文件；装配式工程的重大质量问题的处理方案和验收记录；装配式工程的其他文件和记录。

验收中的主控项目：

1）钢筋套筒灌浆连接、浆锚搭接连接的灌浆应密实饱满。

检查数量：全部检查。

检查方法：检查灌浆施工质量检查记录。

2）钢筋套筒灌浆连接及浆锚搭接连接用的灌浆料其强度应满足设计要求。

检验数量：按批检验，以每层为一个检验批；每工作班应制作一组且每层不应少于3组40mm×40mm×160mm的长方体试件，标准养护28d后进行抗压强度试验。

检验方法：检查灌浆料强度试验报告及评定记录。

3）剪力墙底部接缝坐浆强度应满足设计要求。

检查数量：按批检验，以每层为一个检验批；每工作班应制作一组且每层不应少于3组边长为70.7mm的立方体试件，标准养护28d后进行抗压强度试验。

检验方法：检查坐浆材料强度试验报告及评定记录。

2.3.2 《钢筋连接用灌浆套筒》JG/T 398—2012

钢筋连接用灌浆套筒的型式检验项目：材料性能、尺寸偏差、外观和接头力学性能。

材料性能检验，对于球墨铸铁材料，包括：抗拉强度、断后伸长率、球化率、硬度；对于各类钢材，包括：屈服强度、抗拉强度和断后伸长率。

钢筋连接用灌浆套筒的出厂检验项目为《钢筋连接用灌浆套筒》JG/T 398—2012（以下简称"JG/T 398—2012"）的第5.2、5.3、5.4节，即灌浆套筒的材料性能、尺寸偏差、外观。

其他有关要求详见第3章。

2.3.3 《钢筋连接用套筒灌浆料》JG/T 408—2013

钢筋连接用套筒灌浆料的型式检验项目为JG/T 408—2013第5章的全部项目，包括：初始流动度、30min流动度，1d、3d、28d抗压强度，3h竖向自由膨胀率，竖向自由膨胀率24h与3h的差值，氯离子含量，泌水率；套筒灌浆料应与钢筋套筒匹配使用，钢筋套筒灌浆连接接头应符合JGJ 107—2016中Ⅰ级接头的规定。

钢筋连接用套筒灌浆料出厂检验项目包括：初始流动度、30min流动度，1d、3d、28d抗压强度，3h竖向自由膨胀率，竖向自由膨胀率24h与3h的差值。

其他有关要求详见第3章。

第3章　钢筋套筒灌浆连接材料及
相关设备、辅件的要求

3.1　套筒灌浆连接材料

预制装配式混凝土结构中，构件受力钢筋的连接是保证结构整体性、连续性，满足结构抗震设防要求的关键。对于 PC 结构钢筋的连接，传统的焊接、螺纹连接等施工方法都不便用于混凝土装配式构件的钢筋连接。日本和欧美国家多年来主要采用水泥灌浆连接方法来进行装配式混凝土构件的连接。所谓"钢筋套筒灌浆连接"，即将带肋钢筋插入内腔为凹凸表面的灌浆套筒，在套筒与钢筋的间隙之间灌注并充满专用高强水泥基灌浆料，灌浆料凝固后将钢筋锚在套筒内而实现的一种钢筋连接方法。由此可见，钢筋套筒灌浆连接接头的主体就是由钢筋、连接套筒、接头灌浆料组成。实现钢筋灌浆连接，其生产作业过程中还需配有相关的加工设备和各类配套辅件。

3.1.1　连接钢筋

套筒灌浆连接钢筋的选用应符合现行国家标准《混凝土结构设计规范》GB 50010 的规定。

JG/T 398—2012 规定了灌浆套筒适用于直径为 $\phi12 \sim \phi40mm$ 热轧带肋或余热处理钢筋。

热轧带肋钢筋执行国家标准《钢筋混凝土用钢　第 2 部分：热轧带肋钢筋》GB 1499.2—2007，余热处理钢筋执行国家标准《钢筋混凝土用余热处理钢筋》GB 13014—2013。

钢筋的机械性能参数见表 3 – 1。

钢筋的机械性能技术参数　　　　　　　　　　　表 3 – 1

强度级别	钢筋牌号	屈服强度（MPa）	抗拉强度（MPa）	延伸率（%）	断后伸长率（%）
335	HRB335 HRBF335	≥335	≥455	≥17%	≥7.5%
	HRB335E HRBF335E	≥335	≥455	≥17%	≥9.0%

强度级别	钢筋牌号	屈服强度（MPa）	抗拉强度（MPa）	延伸率（%）	断后伸长率（%）
400	HRB400 HRBF400	≥400	≥540	≥16%	≥7.5%
	HRB400E HRBF400E	≥400	≥540	≥16%	≥9.0%
	RRB400	≥400	≥540	≥14%	≥5.0%
	RRB400W	≥430	≥570	≥16%	≥7.5%
500	HRB500 HRBF500	≥500	≥630	≥15%	≥7.5%
	HRB500E HRBF500E	≥500	≥630	≥15%	≥9.0%
	RRB500	≥500	≥630	≥13%	≥5.0%

注：1. 带"E"钢筋为适用于抗震结构的钢筋，其钢筋实测抗拉强度与实测屈服强度之比不小于1.25，钢筋实测屈服强度与规定的屈服强度特征值之比不大于1.30，最大力总伸长率不小于9%；

2. 带"W"钢筋为可焊接的余热处理钢筋。

中国的普通带肋钢筋的主要外形为月牙肋，见图3-1。

图3-1 月牙肋钢筋外形示意图

3.1.2 灌浆套筒

钢筋连接采用的灌浆套筒应符合JG/T 398—2012的规定。

1. 产品分类

（1）灌浆连接套筒按照结构形式分类，分为半灌浆套筒和全灌浆套筒，见图3-2。

半灌浆套筒：一端采用灌浆方式连接，另一端采用螺纹连接的灌浆套筒。一般用于预制墙、柱主筋连接。详见图3-2（a）。

全灌浆套筒：接头两端均采用灌浆方式连接的灌浆套筒。主要用于预制梁主筋的连接，也可以用于预制墙、柱主筋的连接。详见图3-2（b）、（c）。

（2）钢筋套筒按照材料分类，分为机加工套筒和铸造套筒，见图3-3。

2. 适用范围

灌浆连接套筒可连接直径为φ12～φ40热轧带肋或余热处理钢筋。

实际应用中，全灌浆套筒可连接 HRB335、HRB400 和 HRB500 级直径 φ10～

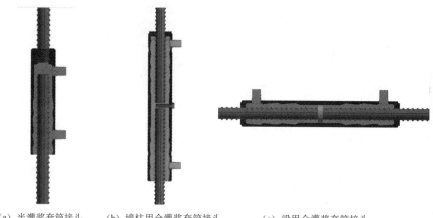

(a) 半灌浆套筒接头　　(b) 墙柱用全灌浆套筒接头　　(c) 梁用全灌浆套筒接头

图 3－2　套筒灌浆连接接头 3 种型式

（a）钢制机加工半灌浆套筒　　　　　（b）铸造全灌浆套筒

图 3－3　不同材料的灌浆连接套筒

ϕ40mm 的钢筋；半灌浆套筒可连接 HRB335、HRB400 和 HRB500 级直径 ϕ12～ϕ40mm 的钢筋。

3. 材料性能

机械加工灌浆套筒原材料宜采用符合现行国家标准《优质碳素结构钢》GB/T 699 规定的优质碳素结构钢、《合金结构钢》GB/T 3077 规定的合金结构钢或其他接头型式检验确定符合要求的钢材。

铸造灌浆套筒原材料宜选用球墨铸铁，并要求符合现行国家标准《球墨铸铁件》GB/T 1348 的规定。

优质碳素结构钢、低合金高强结构钢、合金结构钢的机械性能应满足以下要求：

1）屈服强度不小于 355MPa；

2）抗拉强度不小于 600MPa；

3）断后伸长率不小于 16%。

球墨铸铁的机械性能应满足以下要求：

1）抗拉强度不小于 550MPa；

2）断后伸长率不小于 5%；

3）球化率不低于 85%；

4）硬度：HRB180～250。

4. 结构要求

（1）内径与锚固长度

JGJ 355—2015 第 3.1.2 条规定：灌浆套筒灌浆端的最小内径与连接钢筋公称直径的差值不宜小于表 3-2 规定的数值，用于钢筋锚固的深度不宜小于插入钢筋公称直径的 8 倍。

灌浆套筒内径最小尺寸要求　　　　　　　　　　　　　　表 3-2

钢筋直径（mm）	套筒灌浆段最小内径与连接钢筋公称直径差最小值（mm）
12～25	10
28～40	15

（2）半灌浆套筒的螺纹限位结构

对于半灌浆套筒，在套筒螺纹端根部设有限位台肩，接头安装时钢筋丝头端面可靠顶紧该台肩，既可保证钢筋丝头的旋入长度，又有效减少了接头在单向拉伸时出现的残余变形。见图 3-4。

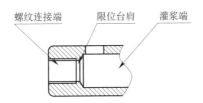

图 3-4　半灌浆套筒剖面示意图

半灌浆套筒螺纹端与灌浆端连接处的通孔直径设计不宜过大，螺纹小径与通孔直径差不应小于 2mm，通孔的厚度不应小于 3mm。

（3）全灌浆套筒的中部限位

为保证钢筋插入深度符合要求，在全灌浆套筒中部设计有限位螺钉，以保证预制端和现场端钢筋的插入深度不会超差。

JG/T 398—2012 第 5.1.3 条规定：灌浆套筒长度应根据试验确定，且灌浆连接长度不宜小于8倍钢筋直径，灌浆套筒中间轴向定位点两侧应预留钢筋安装调整长度，预制端不应小于10mm，现场装配端不应小于20mm。

（4）灌浆腔剪力槽

灌浆腔内剪力槽的数量应符合表3-3规定；剪力槽两侧凸台轴向厚度不应小于2mm。

剪力槽数量表   表3-3

连接钢筋直径（mm）	$\phi12 \sim \phi20$	$\phi22 \sim \phi32$	$\phi36 \sim \phi40$
剪力槽数量（个）	≥3	≥4	≥5

（5）灌浆腔壁厚

机械加工灌浆套筒的壁厚不应小于3mm；铸造灌浆套筒的壁厚不应小于4mm。

（6）套筒外观要求

1）铸造的套筒内外表面不得有影响使用性能的夹渣、冷隔、砂眼、缩孔、裂纹等质量缺陷；

2）机械加工的套筒表面不得有裂纹或影响接头性能的其他缺陷；

3）套筒端面和外表面的边棱处应无尖棱、毛刺；

4）灌浆套筒外表面标识应清晰；

5）灌浆套筒表面不应有锈皮。

5. 尺寸偏差要求

灌浆套筒的尺寸偏差应符合表3-4的规定。

灌浆套筒尺寸偏差表   表3-4

序号	项目	套筒尺寸偏差					
		铸造套筒			机械加工套筒		
1	钢筋直径（mm）	$\phi12 \sim \phi20$	$\phi22 \sim \phi32$	$\phi36 \sim \phi40$	$\phi12 \sim \phi20$	$\phi22 \sim \phi32$	$\phi36 \sim \phi40$
2	外径允许偏差（mm）	±0.8	±1.0	±1.5	±0.4	±0.5	±0.8
3	壁厚允许偏差（mm）	±0.8	±1.0	±1.2	±0.5	±0.6	±0.8
4	长度允许偏差（mm）	±（0.01×L）			±2.0		
5	锚固段环形突起部分的内径允许偏差（mm）	±1.5			±1.0		
6	锚固段环形突起部分的内径最小尺寸与钢筋公称直径差值（mm）	≥10			≥10		
7	直螺纹精度	—			现行国家标准《普通螺纹 公差》GB/T 197中6H级		

6. 质量控制

（1）原材料控制

1）对于机械加工灌浆套筒，需对原材料做好进厂检验。在原材料产品合格证验收完成后，确认材料外表面不得有裂纹、折叠、严重锈蚀及影响性能的其他缺陷，并按同钢号、同规格、同炉（批）号的材料为一个验收批，每批随机抽取 2 个试样，按现行国家标准《金属材料　拉伸试验　第 1 部分：室温试验方法》GB/T 228.1 的要求制作拉伸试件，进行机械性能复验，检验结果合格后方可加工生产灌浆套筒。

2）对于铸造灌浆套筒，首先对铸造原料成分进行抽样化验，确保原材料合格。其次在生产中对铸造铁液成分进行监控，每炉铸造套筒按现行国家标准《球墨铸铁件》GB/T 1348 要求在浇注后期留置单铸试验，每炉的单铸试样制作拉伸试件 2 个，按 GB/T 228.1 的要求制作拉伸试件；球化率检测采用本体试样，每批随机抽取 2 个灌浆套筒，从套筒中间位置取样，套筒尺寸较小时，也可采用单铸试块的方式取样；硬度检测试样同样采用本体试样，从套筒中间位置截取 15mm 高的环形试样，套筒尺寸较小时，也可采用单铸试块的方式取样。

3）在以上材料性能检验中，若 2 个试样均合格，则该批套筒材料性能判定为合格；若有 1 个试样不合格，则需另外加倍抽样复检，复检全部合格时，仍可判定该批套筒材料性能为合格；若复检中仍有 1 个试样不合格，则该批套筒材料性能判定为不合格。

（2）外观及尺寸控制

1）尺寸偏差和外观应以连续生产的同原材料、同炉（批）号、同类型、同规格的 1000 个套筒为一个验收批，不足 1000 个套筒时仍可作为一个验收批；

2）尺寸偏差及外观检验每批随机抽取 10%，连续 10 个验收批一次性检验均合格时，尺寸偏差及外观检验的取样数量可由 10% 调整为 5%；

3）外径、壁厚、长度、凸起内径采用游标卡尺或专用量具检验，卡尺精度不应低于 0.02mm；套筒外径应在同一截面相互垂直两个方向测量，取其平均值；壁厚的测量可在同一截面垂直方向测量套筒内径，取其平均值，通过外径、内径尺寸计算出壁厚；

4）直螺纹中径使用螺纹塞规检验，螺纹小径可用光规或游标卡尺测量；

5）灌浆连接段凹槽大孔用内卡规检验，卡规精度不应低于 0.02mm；

6）在尺寸偏差及外观检验中，若灌浆套筒试样合格率不低于 97% 时，该批灌浆套筒判定为合格；当低于 97% 时，应另外抽双倍数量的套筒试样进行检验，若合格率不低于 97%，则该批套筒仍可判定为合格；若仍低于 97% 时，则该批套筒应逐个检验，合格者方可出厂。

（3）力学性能

灌浆套筒的力学性能试验通过灌浆套筒和匹配灌浆料连接的钢筋接头试件进行，接头试件的试验方法应符合 JGJ 107—2016 的规定。

7. 典型的灌浆套筒的结构与参数

（1）钢制机械加工灌浆套筒

钢制机械加工灌浆套筒采用符合现行国家标准《优质碳素结构钢》GB/T 699 或《合金结构钢》GB/T 3077 规定的钢材以机械切削加工方法制造而成。

1）JM GT 型半灌浆套筒

JM GT 型半灌浆套筒在其预制端设有与钢筋丝头螺纹连接的螺纹孔，包括连接屈服强度分别为 400MPa 和 500MPa 钢筋的 JM GT4 型和 JM GT5 型系列产品，其主要参数见表 3-5、表 3-6 和图 3-5。

JM GT4 型半灌浆套筒参数（单位：mm） 表 3-5

套筒规格型号缩写	适用钢筋直径 d	外径 $D \times$ 总长 H	螺纹大径 $M \times$ 螺距 P	螺纹牙型角	螺纹孔深度 H_1	H_2/H_3	钢筋锚固长度钢筋直径倍数/尺寸	灌浆腔内径 D_1
GT4 12	$\phi12$	$\phi32 \times 140$	M12.5×2.0	75°	19.5	115/104	8d/96	$\phi23$
GT4 14	$\phi14$	$\phi34 \times 156$	M14.5×2.0		20	131/119	8d/112	$\phi25$
GT4 16	$\phi16$	$\phi38 \times 174$	M16.5×2.0		22	147/134	8d/128	$\phi28.5$
GT4 18	$\phi18$	$\phi40 \times 193$	M18.7×2.5		25.5	163/151	8d/144	$\phi30.5$
GT4 20	$\phi20$	$\phi42 \times 211$	M20.7×2.5	60°	28	179/166	8d/160	$\phi32.5$
GT4 22	$\phi22$	$\phi45 \times 230$	M22.7×2.5		30.5	195/182	8d/176	$\phi35$
GT4 25	$\phi25$	$\phi50 \times 256$	M25.7×2.5		33	219/205	8d/200	$\phi38.5$
GT4 28	$\phi28$	$\phi56 \times 292$	M28.9×3		38.5	249/234	8d/224	$\phi46$
GT4 32	$\phi32$	$\phi63 \times 330$	M32.7×3		44	281/266	8d/256	$\phi50$

JM GT5 型半灌浆套筒参数（单位：mm） 表 3-6

套筒规格型号缩写	适用钢筋直径 d	外径 $D \times$ 总长 H	螺纹大径 $M \times$ 螺距 P	螺纹牙型角	螺纹孔深度 H_1	H_2/H_3	钢筋锚固长度钢筋直径倍数/尺寸	灌浆腔内径 D_1
GT5 12	$\phi12$	$\phi32 \times 140$	M12.5×2.0	75°	19.5	115/104	8d/96	$\phi24.5$
GT5 14	$\phi14$	$\phi38 \times 156$	M14.5×2.0		20	131/119	8d/112	$\phi28$
GT5 16	$\phi16$	$\phi42 \times 174$	M16.5×2.0		22	147/134	8d/128	$\phi31$
GT5 18	$\phi18$	$\phi45 \times 193$	M18.7×2.5		25.5	163/151	8d/144	$\phi33$
GT5 20	$\phi20$	$\phi48 \times 211$	M20.7×2.5	60°	27.5	179/166	8d/160	$\phi35$
GT5 22	$\phi22$	$\phi50 \times 230$	M22.7×2.5		30.5	195/182	8d/176	$\phi37$
GT5 25	$\phi25$	$\phi55 \times 256$	M25.7×2.5		32.5	219/205	8d/200	$\phi40$
GT5 28	$\phi28$	$\phi58 \times 292$	M28.9×3		35.5	249/234	8d/224	$\phi46$
GT5 32	$\phi32$	$\phi63 \times 330$	M32.7×3		40	281/266	8d/256	$\phi50$

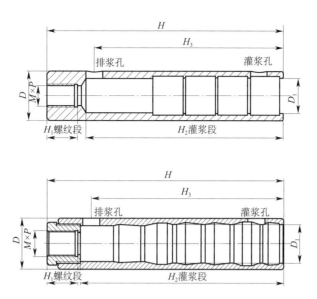

图 3 - 5　GT 型竖向半灌浆套筒结构

2）JM GTL 型全灌浆套筒

JM GTL 型全灌浆套筒在其预制端装有橡胶密封圈和钢筋限位环，套筒中部附近装有预制端钢筋插入深度限位螺钉，其主要参数见表 3 - 7、图 3 - 6。

JM GTL 型竖向全灌浆套筒参数（单位：mm）　　　　　表 3 - 7

套筒规格型号缩写	连接钢筋直径 d_1	外径 d	套筒长度 L	灌浆端口孔径 D	灌浆孔位置 a	排浆孔位置 b	现场施工钢筋插入深度 L_1	工厂安装钢筋插入深度 L_2
GT12L	φ12，φ10	φ44	245	32	30	219	96～121	111～116
GT14L	φ14，φ12	φ46	275	34	30	249	112～137	125～130
GT16L	φ16，φ14	φ48	310	36	30	284	128～154	143～148
GT18L	φ18，φ16	φ50	340	38	30	314	144～170	157～162
GT20L	φ20，φ18	φ52	370	40	40	344	160～185	172～177
GT22L	φ22，φ20	φ54	405	42	40	379	176～202	190～195
GT25L	φ25，φ22	φ58	450	46	40	424	200～225	212～217
GT28L	φ28，φ25	φ62	500	50	40	474	224～251	236～241
GT32L	φ32，φ28	φ66	565	54	40	539	256～284	268～273
GT36L	φ36，φ32	φ74	630	62	40	604	288～315	300～305
GT40L	φ40，φ36	φ82	700	70	40	674	320～345	340～345

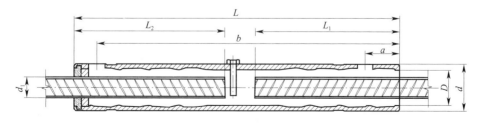

图 3 - 6　GTL 型竖向全灌浆套筒结构

3）JM GTH 型水平钢筋用全灌浆套筒

JM GTH 型全灌浆套筒在两端均装有橡胶密封圈，套筒中部为通孔，连接钢筋可穿过整个套筒筒体，其主要参数见表3-8、图3-7。

JM GTH 型水平全灌浆套筒参数（单位：mm）　　　　表3-8

套筒规格型号缩写	连接钢筋直径 d_1	外径 d	套筒长度 L	灌浆端口孔径 D	灌浆孔位置 a	排浆孔位置 b	现场施工钢筋插入深度 L_1
GT16H	$\phi16$	$\phi38$	256	$\phi28.5$		226	113～128
GT18H	$\phi18$	$\phi40$	288	$\phi30.5$		258	129～144
GT20H	$\phi20$	$\phi42$	320	$\phi32.5$		290	145～160
GT22H	$\phi22$	$\phi45$	352	$\phi35$	30	322	161～176
GT25H	$\phi25$	$\phi50$	400	$\phi38.5$		370	185～200
GT28H	$\phi28$	$\phi56$	448	$\phi43$		418	209～224
GT32H	$\phi32$	$\phi63$	512	$\phi48$		482	241～256

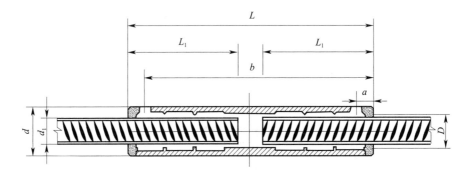

图3-7　GTH 型水平全灌浆套筒结构

（2）铸造全灌浆套筒

主要参数见表3-9、图3-8。

GT4 铸造全灌浆套筒参数（单位：mm）　　　　表3-9

型号	连接钢筋公称直径	规格尺寸										
		L	L_1	L_2	L_3	D	D_1	D_2	D_3/D_4	D_5/D_6	S_1	S_2
GT4 12	$\phi12$	250	120	110	20	44	32	16	25/22	16/13	46.5	28
GT4 14	$\phi14$	280	135	125	20	46	34	18	25/22	16/13	46.5	28
GT4 16	$\phi16$	310	150	140	20	48	36	20	25/22	16/13	46.5	28
GT4 18	$\phi18$	350	170	160	20	50	38	22	25/22	16/13	46.5	28
GT4 20	$\phi20$	370	180	170	20	52	40	24	25/22	16/13	46.5	28
GT4 22	$\phi22$	410	200	190	20	54	42	26	25/22	16/13	46.5	28
GT4 25	$\phi25$	460	225	215	20	58	46	30	25/22	16/13	46.5	28
GT4 28	$\phi28$	505	250	235	20	62	50	32	25/22	16/13	46.5	28
GT4 32	$\phi32$	570	280	270	20	66	54	36	25/22	16/13	46.5	28
GT4 36	$\phi36$	630	310	300	20	74	62	40	25/22	16/13	46.5	28
GT4 40	$\phi40$	700	345	335	20	82	70	44	25/22	16/13	46.5	28

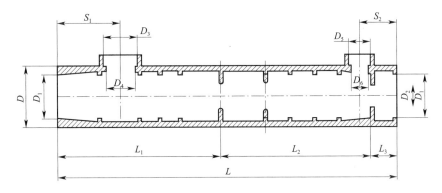

图 3 - 8　铸造全灌浆套筒结构

（3）钢管滚压加工 GTYQ4 全灌浆套筒

主要参数见表 3 - 10、图 3 - 9。

GTYQ4 滚压钢制全灌浆套筒参数（单位：mm）　　　　　　　　表 3 - 10

规格	套筒外径 ϕd	套筒壁厚 t	套筒材质	套筒总长 L	预制端锚固长度 L_0	装配端锚固长度 L_1
GTYQ4 12	$\phi 38$	3	Q345	245	102	102
GTYQ4 14	$\phi 38$	3	Q345	280	120	120
GTYQ4 16	$\phi 42$	3.5	Q345	310	135	135
GTYQ4 18	$\phi 45$	3.5	Q345	340	150	150
GTYQ4 20	$\phi 45$	4	Q390	370	165	165
GTYQ4 22	$\phi 51$	4	Q390	400	180	180
GTYQ4 25	$\phi 57$	4.25	Q390	440	200	200
GTYQ4 28	$\phi 57$	5	Q390	500	230	230

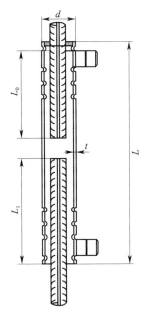

图 3 - 9　钢制滚轧全灌浆套筒结构

8. 灌浆套筒的型式检验

灌浆套筒的型式检验报告式样详见图 3 - 10。

由于符合 JG/T 398 标准的铸造全灌浆套筒型式检验报告暂缺，附 GTZB4 14/14 半灌浆铸造套筒型检报告供参考，见图 3 - 10（c）。

CSTC 国家建筑钢材质量监督检验中心

检 验 报 告

建钢检字（2017W）第 0107 号   共 3 页第 1 页

委 托 单 位	北京思达建茂科技发展有限公司	委 托 时 间	2017 年 1 月 26 日
工 程 名 称	/	送样（联系）人	
试 样 名 称	钢筋连接用灌浆套筒		
检 验 依 据	JG/T 398-2012、GB 1499.2-2007、JGJ 107-2016、GB/T 699-2015		
规 格 型 号	GTJB4 18/18		
牌 号 级 别	45#圆钢		
来 样 编 号	/		
试 样 编 号	2017W0158-1～2017W0158-8		
送 样 数 量	套筒 3 个、钢棒 2 支、灌浆接头 3 支		
试 样 数 量	8 支		
检 验 项 目	型式检验		
样 品 状 态	正常		
检 验 结 论	送检样品所检项目符合检验依据规定。		
备 注	商标：JM 加工方式：机械加工 北京思达建茂科技发展有限公司产品。（委托方提供）	检验单位：（检验报告专用章） 签发日期：2017 年 2 月 27 日	

批准：   审核：   编写：

（a）JM GTJB4 18/18 半灌浆套筒型式检验报告

图 3 - 10 相关套筒的型检报告

46

国家建筑钢材质量监督检验中心

检 验 报 告

来 样 编 号	/		
试 样 编 号	2017W0158-1	2017W0158-2	2017W0158-3
试 样 规 格	GTJB4 18/18	GTJB4 18/18	GTJB4 18/18
检 验 项 目	标准值	实 测 值		

	检验项目	标准值	实测值		
尺 寸	外径 mm	39.4～40.6	40.0	40.1	40.0
	壁厚 mm	2.5～3.5	3.0	3.1	3.1
	长度 mm	193.0～194.0	193.1	193.1	193.1
	锚固段环形突起部分的内径 mm	30.5～30.8	30.5	30.5	30.5
	锚固段环形突起部分的内径最小尺寸与钢筋公称直径差值 mm	≥10	12.5	12.5	12.5
	螺纹精度 mm	满足 6H 级精度	满足 6H 级精度	满足 6H 级精度	满足 6H 级精度
	螺纹孔深度 mm	25.0～26.0	25.6	25.6	25.6
标记		标识应清晰	标识清晰	标识清晰	标识清晰
外观		内外表面应无有害缺陷	内外表面无有害缺陷	内外表面无有害缺陷	内外表面无有害缺陷
备 注		/			

（a）JM GTJB4 18/18 半灌浆套筒型式检验报告

图 3-10   相关套筒的型检报告（续）

国家建筑钢材质量监督检验中心

检 验 报 告

建钢检字（2017W）第0107号　　　　共3页第3页

来样编号			/				
试样编号			2017W0158-4	2017W0158-5	2017W0158-6	2017W0158-7	2017W0158-8
试样规格			GTJB4 18/18	GTJB4 18/18	GTJB4 18/18	GTJB4 18/18	GTJB4 18/18
检验项目		标准值	实测值				
钢筋连接用灌浆套筒（原材料）	屈服强度 R_{eL} MPa	≥355	372	377	/	/	/
	抗拉强度 R_m MPa	≥600	651	654	/	/	/
	断后伸长率 A %	≥16	23.0	24.5	/	/	/
钢筋灌浆接头 单向拉伸	抗拉强度 R_m MPa	$f^0_{mst} \geqslant f_{stk}$ 或 $f^0_{mst} \geqslant 1.10 f_{stk}$	/	/	599	597	598
直径 mm		/	19.15	19.40	18	18	18
面积 mm^2		/	288.07	295.69	254.5	254.5	254.5
破坏形式			/	/	断钢筋	断钢筋	断钢筋
备注			灌浆套筒材料：45#圆钢；剪力槽数量：4个；第1～2剪力槽槽底壁厚3mm，第3剪力槽槽底壁厚3.25mm，第4剪力槽槽底壁厚3.5mm。 套筒示意图： 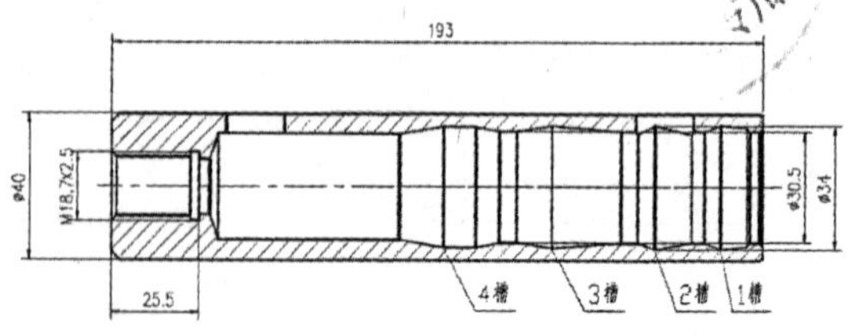				

以下空白

（a）JM GTJB4 18/18 半灌浆套筒型式检验报告

图3－10　相关套筒的型检报告（续）

国家建筑钢材质量监督检验中心

检 验 报 告

建钢检字（2017W）第0159号 　　　　　　　　　　　共3页第1页

委 托 单 位	北京思达建茂科技发展有限公司	委 托 时 间	2017 年 2 月 23 日
工 程 名 称	/	送样（联系）人	
试 样 名 称	钢筋连接用灌浆套筒		
检 验 依 据	JG/T 398-2012 及委托方给定技术条件		
规 格 型 号	GTJQ4 36L		
牌 号 级 别	HRB400E 45		
来 样 编 号	/		
试 样 编 号	2017W0230-1～2017W0230-8		
送 样 数 量	套筒 3 个、标准棒试件 2 支、灌浆套筒接头 3 支		
试 样 数 量	8 支		
检 验 项 目	型式检验		
样 品 状 态	正常		
检 验 结 论	送检样品所检项目符合检验依据规定。		
备 　 　 注	商标：JM 北京思达建茂科技发展有限公司产品。（委托方提供）	检验单位：（检验报告专用章） 签发日期：2017 年 3 月 27 日	

批准： 　　　　　　　审核：

（b）JM GTJQ4 36L 全灌浆套筒型式检验报告

图 3－10 相关套筒的型检报告（续）

国家建筑钢材质量监督检验中心

检 验 报 告

建钢检字（2017W）第0159号　　　　共3页第2页

来 样 编 号		/		
试 样 编 号		2017W0230-1	2017W0230-2	2017W0230-3
试 样 规 格		GTJQ4 36L	GTJQ4 36L	GTJQ4 36L
检 验 项 目	标准值	实 测 值		
尺寸 外径 mm	73.4～74.6	74.20	74.18	74.12
尺寸 壁厚 mm	2.7～4.3	3.60	3.51	3.62
尺寸 长度 mm	630～632	631.00	630.82	630.53
尺寸 灌浆腔端口及第一环形突起内径 mm	62.0～62.3	62.12	62.01	62.14
尺寸 锚固段环形突起部分的内径 mm	59.8～60.2	60.05	60.11	60.03
尺寸 锚固段环形突起部分的内径最小尺寸与钢筋公称直径差值 mm	≥10	24.00	24.05	24.05
标记	标识应清晰	标识清晰	标识清晰	标识清晰
外观	内外表面应无有害缺陷	表面无有害缺陷	表面无有害缺陷	表面无有害缺陷
备 注	/			

（b）JM GTJQ4 36L 全灌浆套筒型式检验报告

图3－10　相关套筒的型检报告（续）

CSTC 国家建筑钢材质量监督检验中心

检 验 报 告

建钢检字（2017W）第 0159 号

来 样 编 号	/				
试 样 编 号	2017W0230-4	2017W0230-5	2017W0230-6	2017W0230-7	2017W0230-8
试 样 规 格	GTJQ4 36L	GTJQ4 36L	GTJQ4 36L	GTJQ4 36L	GTJQ4 36L

检 验 项 目		标准值	实 测 值				
钢筋连接用灌浆套筒（原材料）	屈服强度 R_{eL} MPa	≥355	441	441	/	/	/
	抗拉强度 R_m MPa	≥600	626	632	/	/	/
	断后伸长率 A %	≥16	23.0	21.5	/	/	/
钢筋灌浆接头	单向拉伸 Ⅰ级接头极限抗拉强度 f^0_{mst} MPa	$f^0_{mst} \geq f_{stk}$ 或 $f^0_{mst} \geq 1.10 f_{stk}$ $f_{stk}=540$	/	/	631	628	644
	破坏形式		/	/	断钢筋	断钢筋	断钢筋
备 注	灌浆套筒材料：45#无缝钢管；剪力槽数量：12 个；第 1、2 剪力槽槽底壁厚 3.5mm，第 3 剪力槽槽底壁厚 5.5mm，第 4 剪力槽槽底壁厚 5.8mm，第 5 剪力槽槽底壁厚 6mm，第 6 剪力槽槽底壁厚 6.25mm。（委托方提供） 套筒示意图： 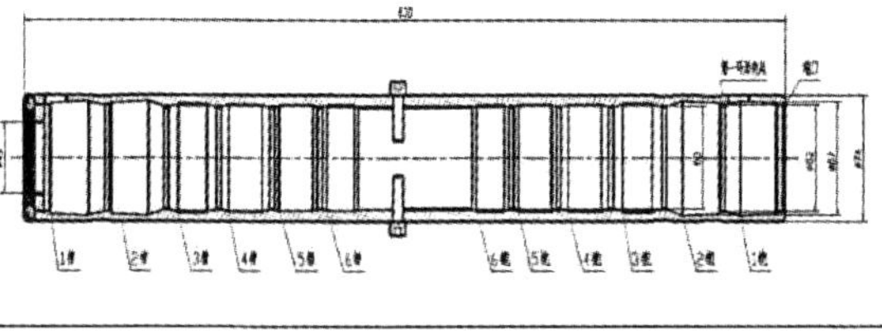 					

以下空白

（b）JM GTJQ4 36L 全灌浆套筒型式检验报告

图 3 − 10　相关套筒的型检报告（续）

国家建筑钢材质量监督检验中心

检 验 报 告

建钢检字（2017W）第 0330 号 共 4 页第 1 页

委 托 单 位	北京思达建茂科技发展有限公司	委 托 时 间	2017 年 4 月 13 日
工 程 名 称	/	送样（联系）人	
试 样 名 称	钢筋连接用灌浆套筒		
检 验 依 据	JG/T 398-2012		
规 格 型 号	GTZB4 14/14		
牌 号 级 别	球墨铸铁 QT550-5		
来 样 编 号	/		
试 样 编 号	2017W0485-1～2017W0485-9		
送 样 数 量	套筒 4 个、套筒原材拉伸试棒 2 支、套筒灌浆接头 3 支		
试 样 数 量	9 支		
检 验 项 目	型式检验		
样 品 状 态	正常		
检 验 结 论	送检样品所检项目符合检验依据规定。		
备 注	商标：JM 加工方式：铸造 北京思达建茂科技发展有限公司产品。 （委托方提供）	检验单位：（检验报告专用章） 签发日期：2017 年 4 月 21 日	

批准： 审核： 编写：

（c）JM GTZB4 14/14 半灌浆铸造套筒型式检验报告

图 3-10 相关套筒的型检报告（续）

52

国家建筑钢材质量监督检验中心

检 验 报 告

建钢检字（2017W）第 0330 号　　　　共 4 页第 2 页

来 样 编 号			/		
试 样 编 号			2017W0485-1	2017W0485-2	2017W0485-3
试 样 规 格			GTZB4 14/14	GTZB4 14/14	GTZB4 14/14
检 验 项 目		标准值	实	测	值
尺寸	外径 mm	34.2～35.8	35.2	35.0	35.4
	壁厚 mm	3.2～4.8	4.2	4.4	4.2
	长度 mm	154.5～157.5	156.9	156.9	156.7
	锚固段环形突起部分及端口的内径 mm	24.5～27.5	26.7	26.5	26.4
	锚固段环形突起部分的内径最小尺寸与钢筋公称直径差值 mm	≥10	12.1	12.3	12.4
标记		标识应清晰	标识清晰	标识清晰	标识清晰
外观		内外表面应无有害缺陷	内外表面无有害缺陷	内外表面无有害缺陷	内外表面无有害缺陷
备 注		/			

（c）JM GTZB4 14/14 半灌浆铸造套筒型式检验报告

图 3－10　相关套筒的型检报告（续）

国家建筑钢材质量监督检验中心

检 验 报 告

建钢检字（2017W）第 0330 号　　　　　　　　　　　　共 4 页第 3 页

来样编号			/				
试样编号			2017W0485-4	2017W0485-5	2017W0485-6	2017W0485-7	2017W0485-8
试样规格			GTZB4 14/14	GTZB4 14/14	GTZB4 14/14	GTZB4 14/14	GTZB4 14/14
检验项目		标准值	实测值				
套筒原材	抗拉强度 σ_b MPa	≥550	675	665	/	/	/
	断后伸长率 δ_5 %	≥5	5.5	6.0	/	/	/
钢筋套筒灌浆接头单向拉伸	Ⅰ级接头极限抗拉强度 f^0_{mst} MPa	≥f_{stk}（钢筋拉断）或≥1.10f_{stk}（连接件破坏）	/	/	630	630	630
	破坏形式		/	/	断钢筋	断钢筋	断钢筋
套筒原材试件直径 mm		/	9.98；9.98 10.01；10.01 10.04；10.04	9.96；9.94 10.04；10.02 10.04；10.02	/	/	/
套筒原材试件面积 mm^2		/	78.69	78.59	/	/	/
备注			套筒示意图：				

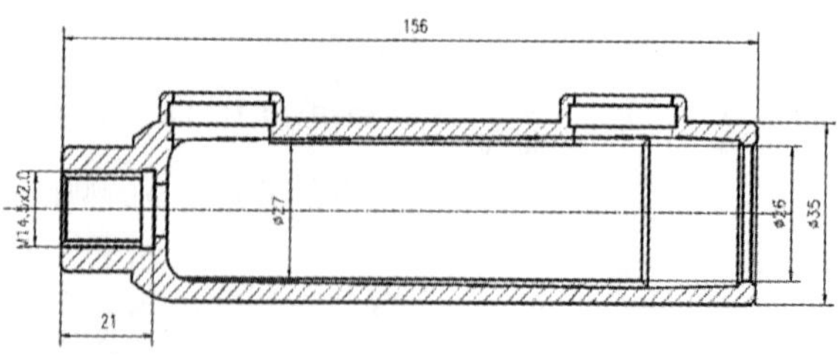

（c）JM GTZB4 14/14 半灌浆铸造套筒型式检验报告

图 3－10　相关套筒的型检报告（续）

国家建筑钢材质量监督检验中心

检 验 报 告

建钢检字（2017W）第 0330 号　　　　共 4 页第 4 页

来 样 编 号		/
试 样 编 号		2017W0485-9
规 格 型 号		GTZB4 14/14
检 验 项 目	标准值	实 测 值
布氏硬度 HBW	180～250	247
球化率 %	≥85	86（平均值）
金相图（拍摄位置）		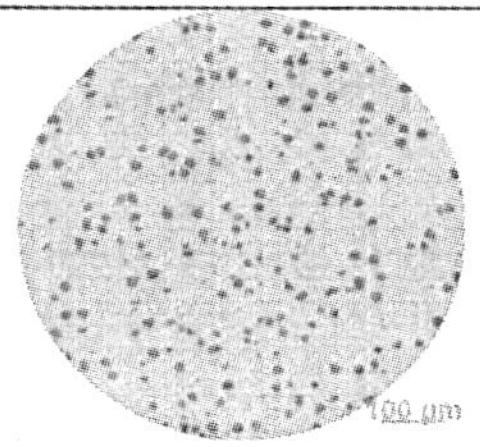 图 1 ×100 球化率 90%（靠近外壁） 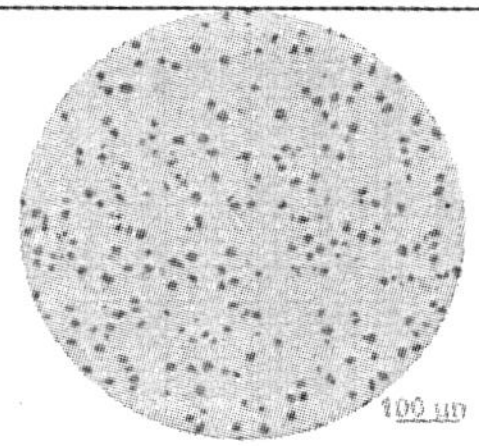 图 2 ×100 球化率 87%（壁厚中部） 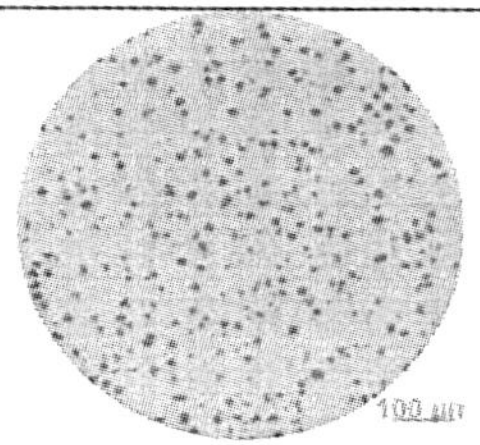 图 3 ×100 球化率 82%（靠近内腔壁）
备 注		/

以下空白

（c）JM GTZB4 14/14 半灌浆铸造套筒型式检验报告

图 3－10　相关套筒的型检报告（续）

9. 半灌浆套筒和全灌浆套筒的特点（表3-11）

钢制半灌浆套筒和铸造全灌浆套筒的特点

（以 $\phi20mm$ 钢筋灌浆套筒为例） 表3-11

项目	半灌浆套筒	全灌浆套筒
1. 外形尺寸（外径×长度）	（1）$\phi42\times211mm$； （2）外径小，特别有利于加大双排钢筋 H 值； （3）长度短，为全灌浆的约57%，构件箍筋加密区短	（1）$\phi52\times370mm$； （2）外径较大，尤其对双排钢筋 H 值影响大，结构设计时需要考虑构件承载力； （3）长度长，构件箍筋加密区长，箍筋量多
2. 材质	采用优质碳素结构钢，材料性能稳定，韧性好，机械切削加工材料金属组织无改变，机械性能稳定，材料质量容易控制	球墨铸铁，塑性差，抗冲击能力弱，为避免铸造缺陷隐患，生产质量控制要求高
3. 套筒生产方式	机械切削，尺寸精度高，加工工序较多	铸造成型，尺寸偏差较大； 一次成型，制造成本较低
4. 连接	预制工厂连接钢筋要先加工螺纹，连接一端套筒；现场灌浆连接另外半个接头	连接钢筋无须加工，套筒需可靠固定，钢筋插入套筒深度严格控制；现场灌浆连接整个接头一次灌浆完成两端连接
5. 套筒灌浆料用量	约0.5kg	约1kg
6. 灌浆压力及难度	（1）套筒内灌浆料充满半个接头，灌浆高度低，灌浆所需压力低，灌浆密封难度小； （2）灌浆质量容易保证	（1）灌浆完整接头，高度高出半灌浆套筒接头1倍； （2）出浆孔处要求灌浆灌满，对灌浆密实度要求高，灌浆压力高，需要可靠的密封措施，灌浆底部漏浆风险大； （3）灌浆质量保证难度提高
7. 应用部位	适合抗震结构预制剪力墙体双排竖向筋连接	适合抗震结构预制剪力墙体单排竖向筋连接

3.1.3 套筒灌浆料

钢筋连接用套筒灌浆料的设计、生产和使用应符合 JG/T 408—2013 的有关规定。

1. 材料组成

钢筋连接用套筒灌浆料是以水泥为基本材料，配以细骨料，混凝土外加剂和其他材料组成的干混料。通常灌浆料材料基本组成包括：高强水泥、级配骨料，减水剂、消泡剂、膨胀剂等外加剂，以保证其加水搅拌后具有规定的流动性、早强、高强、微膨胀等性能。

2. 性能指标

在标准温度和湿度条件下，灌浆料主要性能应满足表3-12各项指标的要求。

钢筋连接用套筒灌浆料主要性能指标		表 3 – 12
检测项目		性能指标
流动度（mm）	初始	≥300
	30min	≥260
抗压强度（MPa）	1d	≥35
	3d	≥60
	28d	≥85
竖向膨胀率（%）	3h	≥0.02
	24h 与 3h 差值	0.02 ~ 0.5
氯离子含量（%）		≤0.03
泌水率（%）		0

不同生产厂家的套筒灌浆料产品的性能均应满足以上指标，抗压强度值越高，对灌浆接头连接性能越有帮助，流动度越高对施工作业越方便，接头灌浆饱满度越容易保证。

在套筒灌浆料成品中，任意抽取小份产品进行检测，性能均应满足表 3 – 12 所要求的指标，即要求产品组成成分要充分均匀。灌浆料主要指标的测试方法见图 3 – 11。

（a）流动度检测　　　　　　（b）制作抗压强度测试试块　　　　　　（c）膨胀率检测

图 3 – 11　灌浆料主要指标的测试方法

3. 检验规则

检验分型式检验和出厂检验。

（1）型式检验条件

有下列情况之一时，应进行型式检验：

1）新产品的定型鉴定；

2）正式生产后如材料及工艺有较大变动，有可能影响产品质量时；

3）停产半年以上恢复生产时；

4）型式检验超过两年时。

（2）检验项目

出厂检验项目应包括：

初始流动度、30min 流动度、1d、3d、28d 抗压强度，3h 竖向膨胀率，竖向膨胀率 24h 与 3h 的差值，泌水率。

型式检验项目为 JG/T 408—2013 第 5 章的全部项目，即包括：初始流动度、30min 流动度、1d、3d、28d 抗压强度，3h 竖向自由膨胀率，竖向自由膨胀率 24h 与 3h 的差值，氯离子含量，泌水率；套筒灌浆料应与钢筋套筒匹配使用，钢筋套筒灌浆连接接头应符合 JGJ 107—2016 中Ⅰ级接头的规定。

（3）组批规则

在 15d 内生产的同配方、同批号原材料的产品应以 50t 作为一生产批号，不足 50t 也应作为一生产批号。取样方法应按现行国家标准《水泥取样方法》GB/T 12573 的有关规定进行。取样应有代表性，可从多个部位取等量样品，样品总量不得少于 30kg。

（4）判定规则

出厂检验和型式检验若有一项指标不符合要求，应从同一批次产品中重新取样，对不合格项加倍复试，复试合格判定为合格品；复试不合格判定为不合格品。

4. 型检报告

（1）钢筋连接用套筒灌浆料应按 JG/T 408—2013 的要求进行型式检验，灌浆料各项性能指标见图 3 – 12。

（2）灌浆料的型检报告应配合该灌浆料与套筒匹配连接的接头所做的拉伸试验检验报告一同使用，以满足 JG/T 408—2013 "套筒灌浆料应与钢筋套筒匹配使用，钢筋套筒灌浆连接接头应符合 JGJ 107 中Ⅰ级接头的规定。"的要求。

5. 使用要点

灌浆料是通过加水拌合均匀后使用的材料，不同厂家的产品配方设计不同，虽然都可以满足 JG/T 408—2013 所规定的性能指标，但却具有不同的工作性能，对环境条件的适应能力不同，灌浆施工的工艺也会有所差异。

为了确保灌浆料使用时达到其产品设计指标，具备灌浆连接施工所需要的工作性能，并能最终顺利地灌注到预制构件的灌浆套筒内，实现钢筋的可靠连接，操作人员需要严格掌握并准确执行产品使用说明书规定的操作要求。

实际施工中需要注意的要点包括：

（1）加水

浆料拌合时严格控制加水量，必须执行产品生产厂家规定的加水率。

加水过多时，会造成灌浆料泌水、离析、沉淀，多余的水分挥发后形成孔洞，严重降低灌浆料抗压强度。加水过少时，灌浆料胶凝材料部分不能充分发生水化反应，无法达到预期的工作性能。

材料检验报告（特材） (2016)(特材)字 (452) 号

表式 JC-042

		编　号	检测 CNAS L0684
工程名称	材料检验	试验编号	2016 TC 0381
		委托编号	TC-JC-WL-2016-1580
委托单位	北京思达建茂科技发展有限公司	试件编号	——
生产单位	北京思达建茂科技发展有限公司	委托人	
		样品名称	CGMJM-Ⅷ型高强灌浆料（钢筋接套筒灌浆专用）
送检日期	2016 年 8 月 26 日	加水量	干料×11.2%
代表数量	—	试验日期	2016 年 8 月 29 日

检 验 结 果

试验项目	试验数据		性能指标	检测值	单项评定
流动度（mm）	初始值		≥300	320	合格
	30min		≥280	305	合格
	60min		≥260	275	合格
竖向膨胀率（%）	3h		≥0.02	0.177	合格
	24h 与 3 h 的膨胀值之差		0.02~0.5	0.099	合格
抗压强度（MPa）	1d		≥35	38.4	合格
	3d		≥60	65.1	合格
	28d		≥110	112.2	合格
泌水率（%）			0	0	合格
氯离子含量（%）			≤0.03	0.012	合格

结论：依据 Q/CPJMJ0006-2015《CGMJM 钢筋接头灌浆料》、JG/T 408-2013《钢筋连接用套筒灌浆料》及 JGJ355-2015《钢筋套筒灌浆连接应用技术规程》标准，送检样品所检项目符合标准中Ⅷ型的性能指标要求。

批　准		审　核		试　验	
试验单位		国家工业建构筑物质量安全监督检验中心			
报告日期		2016 年 9 月 28 日			

图 3－12　套筒灌浆料型式检验报告

（2）搅拌

灌浆料与水的拌合应充分、均匀，通常是在搅拌容器内先后依次加入水及灌浆料，并使用产品要求的搅拌设备，在规定的时间范围内，将浆料拌合均匀，使其具备应有的工作性能。

灌浆料搅拌时，应保证搅拌容器的底部边缘死角处的灌浆料干粉与水充分拌合，搅拌均匀后，需静置2~3min排气，尽量排出搅拌时卷入浆料的气体，保证最终灌浆料的强度性能。

（3）流动度检测

灌浆料流动度是保证灌浆连接施工的关键性能指标，灌浆施工环境的温、湿度差异，影响着灌浆的可操作性。在任何情况下，流动度低于要求值的灌浆料都不能用于灌浆连接施工，以防止构件灌浆失败造成事故。

为此在灌浆施工前，应首先进行流动度的检测，在流动度值满足要求后方可施工，施工中注意灌浆时间应短于灌浆料具有规定流动度值的时间（可操作时间）。

（4）灌浆料的强度与养护温度

灌浆料是水泥基制品，其抗压强度增长速度受养护环境的温度影响。

图3-13为某产品的养护时间-温度与灌浆料强度的关系曲线图及相关公式。

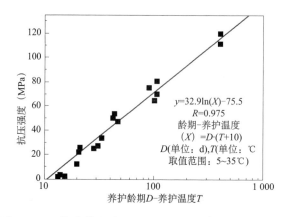

图3-13　某灌浆料产品抗压强度与养护温度关系图

冬期施工灌浆料强度增长慢，后续工序应在灌浆料满足规定强度值后方可进行；而夏季施工灌浆料凝固速度加快，灌浆施工时间必须严格控制。

6. 灌浆料生产质量的控制

（1）原材料的检验

1）水泥：确认质量检测报告及材质单，进行匹配性试验。

2）骨料：对骨料坚固性、含水率（0）、含泥量（<2%）、泥块含量（<1%）进行检验，同时进行筛分试验。

3）外加剂：确认产品合格证以及包装符合性，试配检验其性能。

（2）生产和抽样检验

将灌浆料的全部组分混合后，用专用设备搅拌充分。

生产中严格按规定的配方及生产工艺生产，按检验规则进行各项性能检验，确保每个包装的灌浆料组分均匀稳定的工作性能。

7. 产品合格证与出厂检测报告

灌浆料产品出厂时应提供产品合格证和出厂检测报告，出厂检测报告格式参见表 3 – 13。

产品出厂检验报告　　　　　　　　　　　　　表 3 – 13

报告编号			检验日期		年　月　日
产品名称		灌浆料	产品型号		× ×
生产批号			生产日期		年　月　日
检验标准		JG/T 408—2013、GB/T 50448—2015			
加水量		干料× ×. ×%			

序号	检验项目	单位	质量指标	检验结果	备注
1	初始流动度	mm	≥300		
2	30min 流动度	mm	≥260		
3	泌水率	%	0		
4	1d 抗压强度	MPa	≥35		
5	3d 抗压强度	MPa	≥60		
6	28d 抗压强度	MPa	≥85		
7	3h 竖向膨胀率	%	≥0. 02		
8	24h 与 3h 竖向膨胀率差值	%	0. 02 ~ 0. 5		

结论：
以上已检项目符合"JG/T 408—2013"要求，允许出厂

（盖公司检验章）

质量技术负责人＿＿＿＿＿＿　　　检验员＿＿＿＿＿＿

报告签发日期：　年　月　日

3. 2　预制构件生产涉及的相关辅件

3. 2. 1　出浆管

出浆管是套筒灌浆接头与构件外表面联通的通道，需要保证生产中出浆管与灌浆套筒连接处连接牢固，且可靠密封，同时管路全长内管路内截面要圆形饱满，保证灌

浆通路顺畅。

选用的出浆管内（外）径尺寸精确，与套筒接头（孔）相匹配，安装配合紧密，无间隙、密封性能好；管壁坚固不易破损或压扁，弯曲时不易折叠或扭曲变形影响管道内径，首选硬质 PVC 管，其次是薄壁 PVC 增强塑料软管。参见图 3－14。

图 3－14　常用的出浆管材料

3.2.2　套筒固定组件

固定组件是装配式混凝土结构预制构件生产的专用部件，使用该组件可将灌浆套筒与预制构件的模板进行连接和固定，并将灌浆套筒的灌浆腔口密封，防止预制构件混凝土浇筑、振捣中水泥浆侵入套筒内。参见图 3－15～图 3－17。

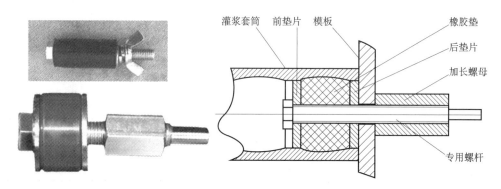

图 3－15　螺母锁紧挤压式固定件

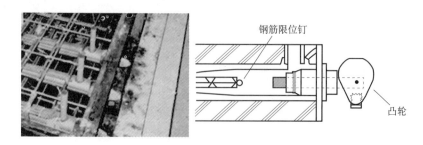

图 3－16　凸轮挤压式固定件

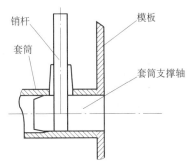

图 3 – 17　销轴固定式固定件

3.2.3　出浆管磁力座固定件

出浆管磁力座固定件由铁件和强磁铁组成，一端连接灌浆或出浆软管，另一端吸固在预制构件模板上，以便将灌浆管引导至构件表面。

使用时，将磁力座接头插进灌浆管，出浆管另一端套在灌浆套筒注浆或出浆接头上，用细铁丝扎紧管子与接头配合段，按照出浆口位置要求将磁力座吸在模台上（图 3 – 18）。

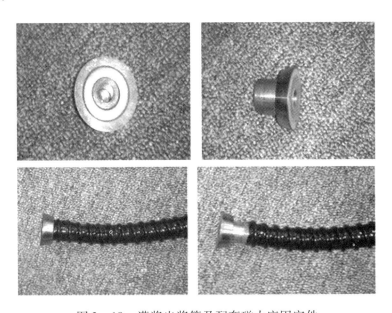

图 3 – 18　灌浆出浆管及配套磁力座固定件

3.2.4　灌浆出浆管专用堵头

灌浆出浆管专用堵头是密封硬质灌浆管、出浆管专用密封件，主要用于灌浆套筒 PVC 硬质管材的端口密封（图 3 – 19）。

S-1	S-2	S-3
灌浆嘴堵头适用于PVC	灌浆嘴堵头	灌浆嘴堵头

图 3-19　灌浆出浆管及配套专用密封堵头

3.3　预制构件生产使用的钢筋加工设备

套筒灌浆连接在预制构件生产中，重点在于连接钢筋的加工，包括连接钢筋的切断和直螺纹半灌浆套筒连接钢筋的丝头加工。

钢筋丝头有以下几种加工形式：剥肋滚轧直螺纹、直接滚轧直螺纹、镦粗直螺纹。主要的加工方式的特点见表 3-14。

钢筋螺纹加工的方法和特点　　　　　　　　　　　表 3-14

加工形式	剥肋滚轧直螺纹	镦粗直螺纹
加工原理	先剥肋整形，再通过滚轧方式形成螺纹	将钢筋端部镦粗强化，再利用车削方式形成螺纹
使用设备	剥肋滚丝机	镦粗机＋套丝机
特点	牙型饱满，尺寸精度较高应用广泛	牙型饱满，连接强度高
设备就位	钢筋加工设备前摆放钢筋支撑托架，保证钢筋水平轴线与钢筋加工设备轴线在同一水平面上	
检验工具	应采用螺纹环规、直尺判定丝头加工质量。使用螺纹环规检查钢筋丝头螺纹直径。使用直尺检查丝头长度	
拧紧工具及检具	用管钳或呆扳手将加工好丝头的钢筋与套筒螺纹拧紧安装。用力矩扳手进行检验	

3.3.1　钢筋滚轧直螺纹连接用加工设备

钢筋滚轧直螺纹加工需要使用钢筋剥肋滚丝机（图 3-20）。

钢筋剥肋滚丝机由滚丝机头、滚轮、剥肋机头、剥肋刀、减速机、机架、冷却液系统、钢筋夹紧机构－虎钳等组成。

工作原理：虎钳夹紧待加工钢筋，机头转动，剥肋机头首先对钢筋表面横肋进行切削，将钢筋外表面整形至光圆状，再通过滚丝机头将钢筋剥肋部分滚轧直螺纹，最终得到满足质量要求的螺纹丝头。

主要参数：钢筋剥肋滚丝机加工范围应满足套筒连接螺纹的规格需要；滚轮加工的钢筋丝头的螺距、牙型角度、加工精度应满足套筒连接螺纹规定的参数和精度要求。常用滚轧螺纹的牙型角为60°和75°；常用滚轧螺纹的螺距为2.0mm、2.5mm、3.0m和3.5mm。

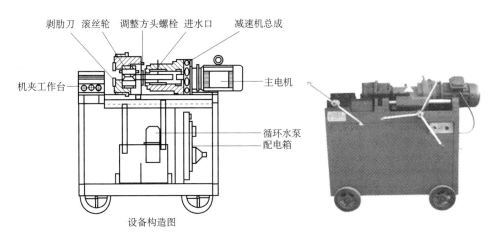

图 3 - 20   钢筋剥肋滚丝机

3.3.2   钢筋镦粗直螺纹用加工设备

钢筋直螺纹连接灌浆套筒的另一种形式，是采用镦粗直螺纹。

钢筋镦粗直螺纹加工需要使用钢筋镦粗机、钢筋套丝机或剥肋滚丝机。

镦粗直螺纹的连接工艺是：先用钢筋镦粗机对钢筋端头镦粗强化，再用钢筋套丝机在镦粗部位车削加工出连接螺纹，最终形成钢筋镦粗直螺纹与灌浆套筒连接。

1. 钢筋镦粗机

钢筋镦粗机包括主机和泵站两部分。主机由框架、镦粗油缸、镦粗头、夹持油缸、模具座、成型模具、夹持模具等组成；泵站由超高压液压泵、电磁阀、油箱、电机、连接油管等组成。见图 3 - 21。

工作原理：泵站输出高压油推动夹持油缸、模具座、夹持模具来夹紧钢筋，电磁阀将泵站的高压油换向推送到镦粗油缸，镦粗油缸推动镦粗头沿钢筋轴线挤压钢筋端部，使钢筋变形并在端部形成截面变粗的钢筋镦粗头。

2. 钢筋套丝机

钢筋套丝机由套丝机头、螺纹梳刀、减速机、机架、冷却液系统、虎钳等组成。见图 3 - 22。

工作原理：用虎钳夹紧待加工钢筋，套丝机头转动着前进，将钢筋镦粗头部分车出直螺纹，并得到规定尺寸的螺纹丝头。

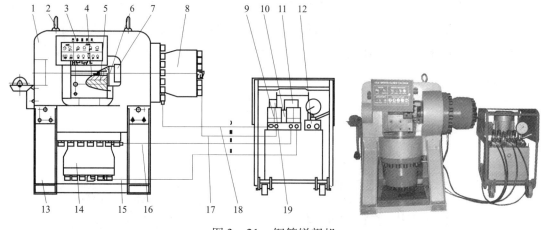

图 3 – 21　钢筋镦粗机

1—主机框架；2—吊环；3—控制箱；4—夹持模；5—成型模；6—行程开关盒；7—镦粗头；

8—镦粗油缸；9—电磁换向阀；10—电磁卸荷阀；11—压力开头；12—组合阀；13—主机机架；

14—夹持油缸；15—超高压软管Ⅰ；16—超高压软管Ⅱ；17—超高压软管Ⅲ；18—超高压软管Ⅳ；19—电机盒

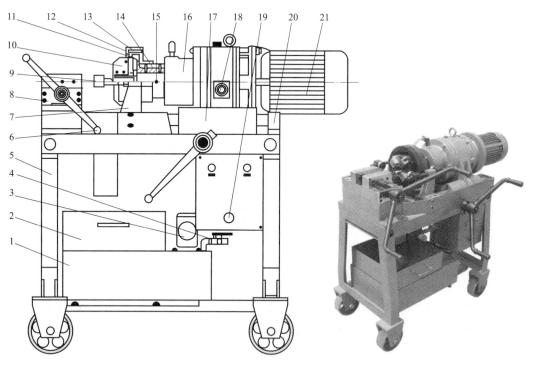

图 3 – 22　钢筋套丝机

1—水箱；2—铁屑桶；3—水泵；4—截门；5—机架；6—虎钳手柄；7—前行程定位架；8—虎钳组；

9—定位机构；10—刀座；11—压环；12—调整环；13—张刀环；14—机头；15—限位螺钉；

16—减速机法兰；17—减速机；18—油窗；19—电控箱；20—后滑杆支座；21—电机

3.4 现场施工用材料、设备及辅件

3.4.1 预制构件安装及密封用材料和工具

1. 钢筋位置检验专用模具（图3-23）

用于检验现场构件安装部位的连接钢筋位置。

(a) 剪力墙用模板   (b) 预制柱用模板

图3-23 现场连接钢筋位置检验模具

2. 灌浆连通腔分仓、周圈封堵用工具（图3-24）

构件间水平缝联通腔后分仓和周圈封缝时，用于分隔和支撑封缝料或坐浆料，并使密封材料压紧密实。

(a) PVC管   (b) 橡胶条   (c) 抹子

图3-24 构件联通腔分仓、周圈封堵用工具和材料

3. 单灌浆套筒用密封件（图3-25）

用于竖向预制构件下部灌浆套筒独立灌浆时，在构件底部密封套筒下端口与连接钢筋的缝隙的密封，将水平缝坐浆或灌浆料与套筒内灌浆腔隔离。

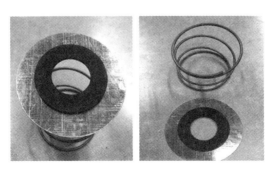

图3-25 套筒独立灌浆端部密封用材料

4. 保温层处用密封材料（PE 棒或管，防水橡胶棉或止水条，见图 3 -26）

用于竖向预制保温墙体构件下部联通腔密封，主要是在构件底部夹心密封材料的
上下缝隙处密封，将水平缝灌浆腔内外隔离。

图 3 - 26　夹心保温墙联通灌浆密封材料部位用材料

5. 接头试件灌浆安装架及套筒密封圈（图 3 -27）

模拟现场条件灌浆试件底部或端部密封，需要使用与套筒匹配的密封件，防止灌
浆料从竖向灌浆套筒底部或水平灌浆套筒两侧与连接钢筋的间隙处漏出。

(a) 接头试件安装架　　　　　　　　　　　(b) 套筒端口密封圈

图 3 - 27　模拟现场施工条件的套筒灌浆接头用支架和密封材料

3.4.2　灌浆料施工及检验工具

1. 灌浆料称量检验工具（表 3 -15）

灌浆料制浆、检验工具　　　　　　　　　　　　表 3 - 15

工作项目	工具名称	规格参数	照片
流动度检测	圆截锥试模	上口 × 下口 × 高 $\phi70 \times \phi100 \times 60mm$	
	钢化玻璃板	长 × 宽 × 厚 $500mm \times 500mm \times 6mm$	

工作项目	工具名称	规格参数	照片
抗压强度检测	试块试模	长×宽×高 40mm×40mm×160mm 三联	
施工环境及 材料的温度检测	测温计		
灌浆料、 拌合水称重	电子秤	30～50kg	
拌合水计量	量杯	3L	
灌浆料拌合容器	平底金属桶 （最好为 不锈钢制）	φ300×H400，30L	
灌浆料拌合工具	电动搅拌机	功率：1200～1400W； 转速：0～800rpm 可调； 电压：单相220V/50H； 搅拌头：片状或圆形花栏式	

2. 灌浆设备

（1）电动灌浆设备（表3-16）

	电动灌浆设备		表3-16
产品	GJB型灌浆泵	螺杆灌浆泵	气动灌浆器
工作原理	泵管挤压式	螺杆挤压式	气压式
示意图			
优点	流量稳定，快速慢速可调，适合泵送不同黏度灌浆料。故障率低，泵送可靠，可设定泵送极限压力。使用后需要认真清洗，防止浆料固结堵塞设备	适合低黏度，骨料较粗的灌浆料灌浆。体积小重量轻，便于运输。螺旋泵胶套寿命有限，骨料对其磨损较大，需要更换。扭矩偏低，泵送力量不足。不易清洗	结构简单，清洗简单。没有固定流量，需配气泵使用，最大输送压力受气泵压力制约，不能应对需要较大压力灌浆场合。要严防压力气体进入灌浆料和管路中

（2）手动灌浆设备（图3-28）

适用于单仓套筒灌浆、制作灌浆接头，以及水平缝连通腔不超过30cm的少量接头灌浆、补浆施工。

(a) 推压式灌浆枪　　　　　(b) 按压式灌浆枪

图3-28　单仓灌浆用手动灌浆枪

3.4.3　应急设备

（1）高压水枪

冲洗灌浆不合格的构件及灌浆料填塞部位用。

（2）柴油发电机

大型构件灌浆时突然停电时，给电动灌浆设备应急供电用。

第4章　灌浆连接施工工艺及质量要求

4.1　工厂钢筋与套筒的连接

4.1.1　钢筋连接（安装）工艺流程

预制工厂灌浆套筒连接安装生产工艺见图4-1。

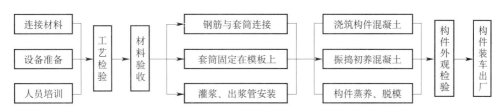

图4-1　预制工厂灌浆套筒连接安装生产工艺

4.1.2　操作工艺及质量要求

（1）材料进厂

灌浆套筒根据构件生产计划提前进厂，分类码放。注意留出合理的检验验收时间。

（2）设备准备

钢筋切断机、钢筋螺纹加工机等。

1）切断机：宜采用砂轮锯锯切钢筋端头。

如使用剪切机，机器模具和间隙应调整满足钢筋切断要求，切断面应平齐，且垂直于钢筋轴线；钢筋端部横肋、基圆饱满，不得有明显损伤。

2）螺纹滚丝机

钢筋螺纹加工应选择与灌浆套筒螺纹参数配套的设备。灌浆连接直螺纹套筒螺纹参数主要按剥肋滚压直螺纹工艺确定。为此，确定钢筋剥肋滚丝机作为钢筋丝头加工设备。

加工范围应满足套筒连接螺纹的规格需要；加工的钢筋丝头螺距、牙型角度、加工精度应满足套筒连接螺纹规定的参数和精度要求。常用牙型角：60°和75°；常用螺距：2.0mm、2.5mm、3.0mm、3.5mm。

3）辅助台架

设备就位后，配套辅助台架应满足生产加工要求。

（3）人员培训

包括：钢筋螺纹加工设备操作工人，套筒与钢筋连接作业工人及其他人员：如钢筋下料工人、构件模具组装钢筋和套筒人员，套筒进出浆管安装人员，质量监督人员。培训要点如下：

1）本工序操作工艺规范、质量要求；

2）实际操作；

3）质量检验记录；

4）工序质量监督；

5）加工钢筋丝头和制作连接接头的作业人员必须经考试合格核发上岗证后才可上岗操作。

（4）材料进厂验收

1）接头工艺检验

工艺检验一般应在构件生产前进行，应对不同钢筋生产企业的进场钢筋进行接头工艺检验；

每种规格钢筋应制作3个对中套筒灌浆连接接头；

每个接头试件的抗拉强度和3个接头试件残余变形的平均值应符合 JGJ 355—2015 的相关规定；

施工过程中，如更换钢筋生产企业，或同生产企业生产的钢筋外形尺寸与已完成工艺检验的钢筋有较大差异时，应补充工艺检验。

工艺检验应模拟施工条件制作接头试件，并按接头提供单位提供的施工操作要求进行。

第一次工艺检验中1个试件抗拉强度或3个试件的残余变形平均值不合格时，可再取相同工艺参数的3个试件进行复检，复检仍不合格判为工艺检验不合格。

工艺检验合格后，钢筋与套筒连接加工工艺参数应按该确认的参数执行。

2）套筒材料验收

资质检验：套筒生产厂家出具套筒出厂合格证，材质证明书，型式检验报告等；

外观检查：检查套筒外观以及尺寸；

检查数量：同一批号、同一类型、同一规格的灌浆套筒，不超过1000个为一批，每批随机抽取10个灌浆套筒。

检验方法：观察，尺量检查。

抗拉强度检验：每1000个同批灌浆套筒抽取3个，采用与施工相同的灌浆料，模拟施工条件，制作接头抗拉试件。

（5）钢筋与套筒连接（安装）

全灌浆套筒，在预制工厂与套筒不连接，只需要安装到位；

半灌浆套筒,需要与套筒一端连接,并达到规定质量要求。

1)钢筋下料

全灌浆套筒连接钢筋长度计算:

    钢筋长度 L = 带套筒的钢筋总长度 L_0 - 套筒长度 H + 套筒内钢筋长度 H_1

带套筒的钢筋总长度 L_0 为构件配筋设计的总长度。

半灌浆套筒连接钢筋长度计算,参见图 4 - 2:

    钢筋长度 L = 带套筒的钢筋总长度 L_0 - 套筒长度 H + 套筒螺纹长度 H_1

带套筒的钢筋总长度 L_0 为构件配筋设计的总长度。

H_2 为叠合层厚度 + 灌浆联通腔厚度;

H_3 为上端钢筋连接长度。钢筋与上部套筒灌浆连接时,H_3 应为其套筒要求的钢筋锚固长度。

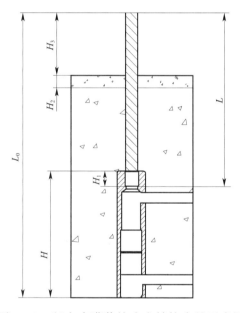

图 4 - 2　竖向半灌浆接头在结构中的示意图

质量要求:钢筋连接段应平直,切口与轴线垂直。建议使用砂轮锯或专用剪切机下料。见图 4 - 3。

图 4 - 3　灌浆接头连接钢筋的端部质量要求

2)全灌浆套筒接头预埋连接钢筋安装

全灌浆套筒接头用钢筋可以直接插入灌浆套筒预制端,当灌浆套筒固定在构件模具上后，钢筋应插入到套筒内规定的深度，然后固定。

3）半灌浆套筒连接钢筋的直螺纹丝头加工

丝头参数应满足厂家提供的作业指导书规定要求。

使用螺纹环规检查钢筋丝头螺纹直径：环规通端丝头应能顺利旋入，止端丝头旋入量不能超过 $3P$（P 为丝头螺距）。

使用直尺检查丝头长度。目测丝头牙型，不完整牙累计不得超过 2 圈。

操作者 100% 自检，合格的报验，不合格的切掉重新加工。

见图 4 - 4，并用表 4 - 1 做记录。

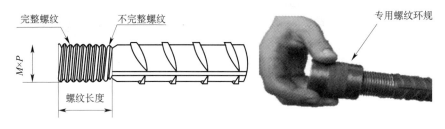

图 4 - 4 灌浆接头连接钢筋丝头的质量检验

钢筋丝头加工质量记录表　　　　　　　　表 4 - 1

编号：

工程名称		钢筋规格		批　号	
应用构件		批内数量		抽检数量	
加工日期		生产班次			

检验结果							
序号	丝头螺纹检验		丝头外观检验		序号	丝头螺纹检验		丝头外观检验	

序号	通规	止规	螺纹长度	牙型饱满度	序号	通规	止规	螺纹长度	牙型饱满度

4）钢筋丝头与半灌浆套筒的连接

用管钳或呆扳手拧钢筋，将钢筋丝头与套筒螺纹拧紧连接。

用力矩扳手检验拧紧扭矩，见表 4 - 2。

钢筋与套筒直螺纹连接拧紧扭矩　　　　　　　　表 4 - 2

钢筋直径（mm）	≤16	18 ~ 20	22 ~ 25	28 ~ 32
拧紧扭矩（N·m）	100	200	260	320

拧紧后钢筋在套筒外露的丝扣长度应大于 0 扣，且不超过 1 扣。

质检抽检比例 10%，按表 4 - 3 做记录。

连接好的钢筋分类应整齐码放。

编号：

工程名称		钢筋规格		批 号	
应用构件		批内数量		抽检数量	
加工日期		生产班次			
检验结果					
序号	拧紧力矩值	外露螺纹长度	序号	拧紧力矩值	外露螺纹长度

（6）灌浆套筒固定在模板上

将连接钢筋按构件设计布筋要求进行布置，绑扎成钢筋笼，灌浆套筒安装或连接在钢筋上。

钢筋笼吊放在预制构件平台上的模板内，将套筒外侧一端靠紧预制构件模板，用套筒专用固定件进行固定（固定精度决定套筒位置精度，非常重要）。

使用弹性橡胶垫密封固定件的连接工艺见附录 C。

橡胶垫应小于灌浆套筒内径，且能承受蒸养和混凝土发热后的高温，反复压缩使用后能恢复原外径尺寸。

套筒固定后，检查套筒端面与模板之间有无缝隙，保证套筒与模板端面垂直。

（7）灌浆管、出浆管安装

将灌浆管、出浆管插在套筒灌排浆接头上，并插入到要求的深度。灌浆管、出浆管的另一端引到预制构件混凝土表面。

可用专用密封（橡胶）堵头或胶带封堵好端口，以防浇筑构件时管内进浆。连接管要绑扎固定，防止浇筑混凝土时移位或脱落（图 4-5、图 4-6）。

图 4-5 各种构件灌浆管出浆管的安装与密封措施

图4-6 灌浆、出浆软管安装应避免弯曲处折叠、扭曲变形

（8）构件外观检验

检查灌浆套筒位置是否符合设计要求：

方法：肉眼观察、钢尺测量等。套筒及外露钢筋中心位置偏差 +2mm/0mm；外露钢筋伸出长度偏差 +10mm/0mm。

检查套筒内腔及进出浆管路有无泥浆和杂物侵入：

进出浆管的数量和位置符合要求。

半灌浆套筒可用光照肉眼观察；肉眼观察，直管采用钢棒探查；软管弯曲管路用液体冲灌以出水状况和压力判断，全灌浆套筒需用专用检具。

有问题及时处理。

4.2 预制构件现场安装

4.2.1 构件安装作业工艺流程

现场预制构件安装作业工艺见图4-7。

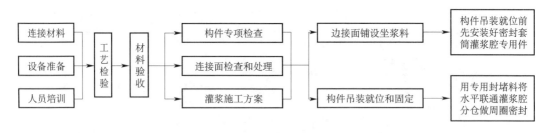

图4-7 现场预制构件安装作业工艺

4.2.2 施工作业及质量要求

1. 材料进厂

套筒灌浆料应有产品出厂合格证，注明生产日期和有效期，包装完好无破损。

2. 设备准备

灌浆泵、搅拌机，电子秤、温度计、量杯、流动度截锥试模、灌浆料抗压试块三联试模等。

3. 人员培训

包括：灌浆料检验试验员，灌浆施工工人，灌浆腔密封作业工人，质量监督人员。

培训要点：

（1）操作工艺规范、质量要求；

（2）相关设备实际操作；

（3）模拟施工条件制作工艺检验接头和试块；

（4）质量检验及记录。

4. 工艺检验

同 4.1 节中接头工艺检验的内容。

5. 材料验收

（1）套筒灌浆料型式检验报告

应符合 JG/T 408—2013 的要求，同时应符合预制构件内灌浆套筒的接头型式检验报告中灌浆料的强度要求。

在灌浆施工前，提前将灌浆料送指定检测机构进行复验。

（2）灌浆料进场检验

主要对灌浆料拌合物（按比例加水制成的浆料）30min 流动度、3d 抗压强度、28d 抗压强度、3h 竖向膨胀率、24h 与 3h 竖向膨胀率差值进行检验。检验结果应符合 JG/T 408—2013 的有关规定。

检查数量：同一批号的灌浆料，检验批量不应大于 50t。

检验方法：每批按 JG/T 408—2013 的有关规定随机抽取灌浆料制作试件并进行检验。

质量控制要点：

1）产品有效期，适用温度；

2）30min 流动度，最大可操作时间，允许作业最低流动度；

3）加水率（水灰比）及控制精度要求；

4）对本构件灌浆套筒、灌浆管路条件的适应性；

5）对拌合、灌浆设备的要求。

6. 构件专项检验

主要检查灌浆套筒内腔和灌浆、出浆管路是否通畅，保证后续灌浆作业顺利。检查要点包括：

（1）用气泵或钢棒检测灌浆套筒内有无异物，管路是否通畅；

（2）确定各个进、出浆管孔与各个灌浆套筒的对应关系；

（3）了解构件连接面实际情况和构造，为制定施工方案做准备；

（4）确认构件另一端面伸出连接钢筋长度符合设计要求；

（5）对发现问题构件提前进行修理，达到可用状态。

7. 构件安装

（1）灌浆施工方案的编制与验证

根据构件结构特点、施工环境温度条件等，确定单采用水平缝坐浆的单套筒灌浆、水平缝联通腔封缝的多套筒灌浆、水平缝联通腔分仓封缝的多套筒灌浆施工方案，并以实际样品构件、施工机具、灌浆材料等进行方案验证，确认后正式实施。常用的灌浆施工方案有两种，分别如下：

1）水平缝坐浆单套筒灌浆：

不流动、不收缩的水泥基坐浆料铺设在连接面上，由坐浆料将每个灌浆套筒底部封堵与外界隔离。坐浆料凝固后对各个套筒独立灌浆，并从套筒下方灌浆口注浆。

操作要点：浆料层须高于构件底面标高，宜中间、高两边低，以防空气憋堵在构件底部；构件落实后，套筒底部被坐浆料密封但浆料不能进入套筒内部；坐浆料为承载结构性材料，其抗压强度高于构件混凝土强度；连接钢筋设独立刚性密封件，避免降低承载面积。

2）水平缝联通腔封缝的多套筒灌浆、水平缝联通腔分仓封缝的多套筒灌浆：

用不流动、不收缩的封缝座浆料或者弹性密封材料将构件水平缝四周密封，或分隔成多段分别密封，多个套筒在1个联通腔内，并通过底部水平缝相连通。封缝座浆料凝固后对各个联通腔独立灌浆，用压力较高的灌浆设备从套筒下方灌浆口注浆。

操作要点：用水泥基封缝坐浆料塞实在构件水平缝的3面或4面，封缝坐浆料应压实，并分别嵌入上下混凝土结构表面，形成15～20mm厚密封外墙；如使用弹性密封材料，须保证联通腔四周的密封结构可靠、均匀，密封强度须满足套筒灌浆压力的需求；分仓时把座浆料塞在构件水平缝下方或构件安装前堆砌在下构件表面，形成30～40mm宽的分仓隔墙；将长度较大的构件底面分成2部分或3部分，单仓任意两个套筒之间的距离不宜超过1.5m，等待封缝料硬化达到预期强度后实施后续灌浆施工。密封材料不能减小构件的设计承载面积或强度。

（2）构件安装

1）水平缝坐浆施工工艺及质量要求

水平缝坐浆施工具体工艺及质量要求详见表4-4。

工序	主要环节	控制要求	图示
1 连接部位检查处理	1.1 连接钢筋检查	检验下方结构伸出的连接钢筋的位置和长度，应符合设计要求。 钢筋位置偏差不得大于 ±3mm（可用钢筋位置检验模板检测）；钢筋不正可用钢管套住掰正。 长度偏差在 0～15mm 之间；钢筋表面干净，无严重锈蚀，无粘贴物。 填写检查记录表（表 D – 3）	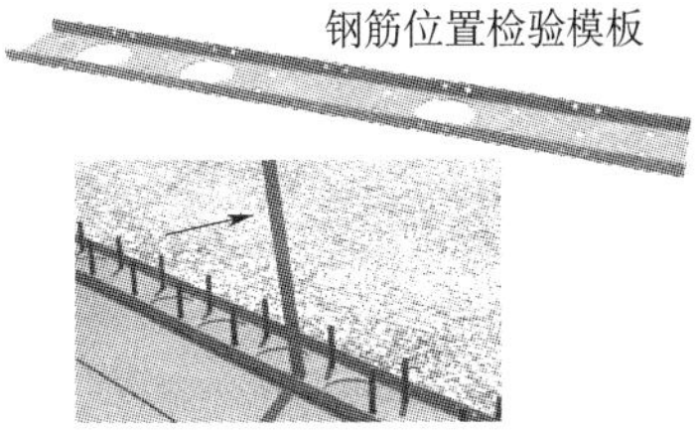 钢筋位置检验模板
	1.2 构件连接面检查	构件水平接缝（灌浆缝）基础面干净、无油污等杂物。 高温干燥季节应对构件与灌浆料接触的表面做润湿处理，但不得形成积水。 填写检查记录表（表 D – 3）	
2 安装可调垫块及弹簧密封组件	2.1 放置可调垫块	在安装基础面放置可调垫铁（约 20mm 厚，金属制品）并调平	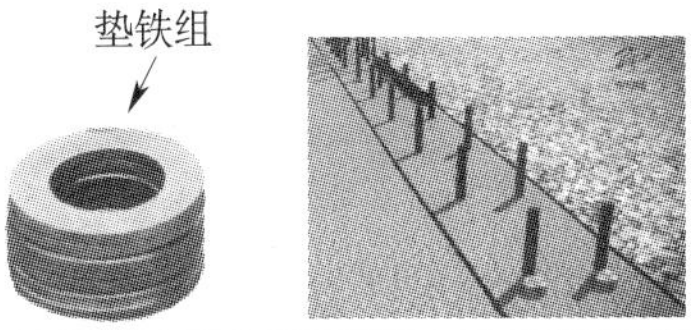 垫铁组
	2.2 安装密封垫圈及支撑弹簧	在基础面上满铺坐浆料（中间高，两端底）将弹簧套在基础面伸出的钢筋上，然后将密封垫片放置于弹簧，橡胶棉一侧朝上。如右图所示	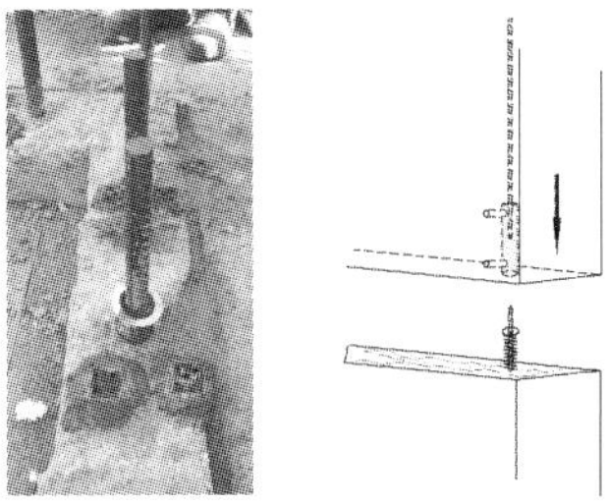
3 构件吊装固定	构件吊装与固定	构件吊装到位。 安装时，下方构件伸出的连接钢筋均应插入上方预制构件的连接套筒内（底部套筒孔可用镜子观察），然后放下构件，校准构件位置和垂直度后支撑固定	

2）水平缝联通腔封缝的多套筒灌浆、水平缝联通腔分仓封缝的多套筒灌浆联通腔周圈密封及分仓施工工艺及质量要求详见表 4 – 5。

工序	主要环节	控制要求	图示
1 连接部位检查处理	1.1 连接钢筋检查	同表 4 – 4 中工序 1	
	1.2 构件连接面检查	同表 4 – 4 中工序 1	

工序	主要环节	控制要求	图示
2 构件吊装固定	构件吊装与固定	在安装基础面放置可调垫铁（约20mm厚，金属制品）并调平，构件吊装到位。安装时，下方构件伸出的连接钢筋均应插入上方预制构件的连接套筒内（底部套筒孔可用镜子观察），然后放下构件，校准构件位置和垂直度后支撑固定	
3 分仓与接缝封堵	3.1 分仓	采用电动灌浆泵灌浆时，每个联通灌浆腔区域内任意两个套筒最大距离不宜超过1.5m。仓体越大，灌浆阻力越大、灌浆压力越大、灌浆时间越长，对封缝的要求越高，灌浆不满的风险越大。 采用手动灌浆枪灌浆时，单仓长度不宜超过0.3m。 分仓隔墙宽度应不小于2cm，为防止遮挡套筒孔口，距离连接钢筋外缘应不小于4cm。 分仓时两侧须内衬模板（通常为便于抽出的PVC管），将拌好的封堵料填塞充满模板，保证与上下构件表面结合密实。然后抽出内衬。 分仓后在构件相对应位置做出分仓标记，记录分仓时间，便于指导灌浆。 填写分仓检查记录表（表D-3）	
	3.2 封堵通用要求	对构件接缝的外沿应进行封堵。 根据构件特性可选择专用封缝料封堵、密封条（必要时在密条外部设角钢或木板支撑保护）或两者结合封堵。 一定保证封堵严密、牢固可靠，否则压力灌浆时一旦漏浆处理很难	
	3.3 用专用封缝料封堵	使用专用封缝料（坐浆料）时，要按说明书要求加水搅拌均匀。 封堵时，里面加衬（内衬材料可以是软管、PVC管，也可用钢板），填抹大约1.5～2cm深（确保不堵套筒孔），一段抹完后抽出内衬进行下一段填抹。段与段结合的部位、同一构件或同一仓要保证填抹密实。 填抹完毕确认干硬强度达到要求（常温24h，约30MPa）后再灌浆。 （坐浆料使用详见附录C）	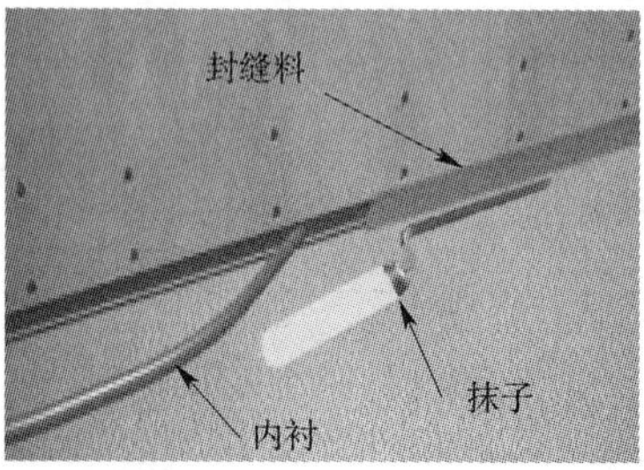

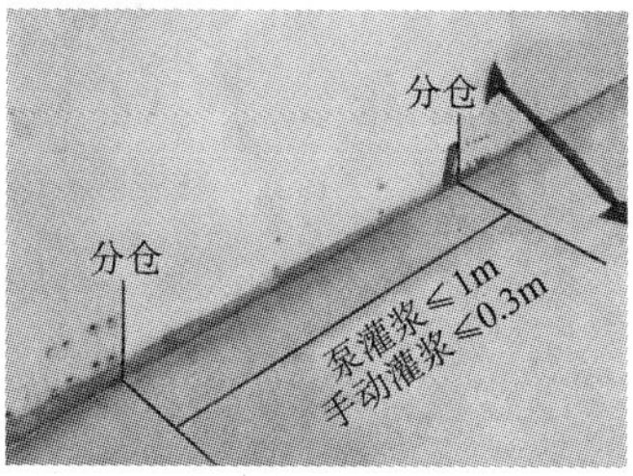

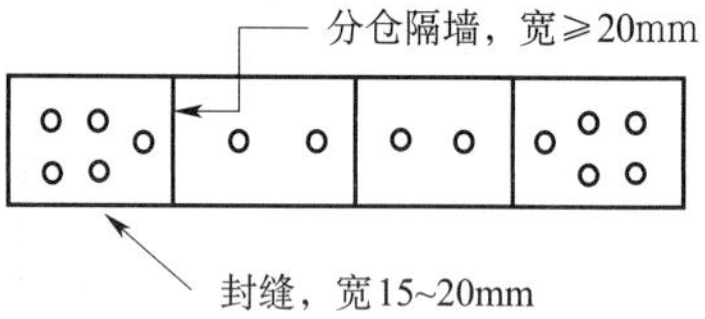

工序	主要环节	控制要求	图示
	3.4　用密封带封堵	在剪力墙靠 EPS 保温板的一侧（外侧）封堵可用密封带封堵。密封带要有一定厚度，压扁到接缝高度（一般 2cm）后还要有一定强度。密封带要不吸水，防止吸收灌浆料水分引起收缩。 密封带在构件吊装前固定安装在底部基础的平整表面	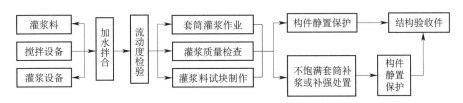

4.3　套筒灌浆施工

4.3.1　灌浆施工工艺流程

灌浆料／搅拌设备／灌浆设备 → 加水拌合 → 流动度检验 → 套筒灌浆作业／灌浆质量检查／灌浆料试块制作 → 构件静置保护 → 结构验收件

不饱满套筒补浆或补强处置 → 构件静置保护

图 4－8　现场预制构件灌浆连接施工作业工艺

4.3.2　竖向灌浆连接工艺及质量要求

竖向构件灌浆连接施工具体工艺及质量要求详见表 4－6。

竖向构件灌浆连接施工具体工艺及质量要求　　　　　　　表 4－6

工序	主要环节	控制要求	图示
1　标记与检查	1.1　标记	为便于记录，对预制构件上的每个套筒进行标记	
	1.2　灌浆孔、出浆孔检查	在正式灌浆前，逐个检查各接头的灌浆孔和出浆孔内有无影响浆料流动的杂物，确保孔路畅通（可用空压机吹出套筒内松散杂物）	AIR AIR COMPRESSOR

工序	主要环节	控制要求	图示
2 灌浆料制备	2.1 选型	必须采用经过接头型式检验，并在构件厂检验套筒强度时配套的接头专用灌浆材料。JM 配套灌浆料型号是 CGMJM－Ⅵ泵送型。严禁使用未经上述检验的灌浆材料	 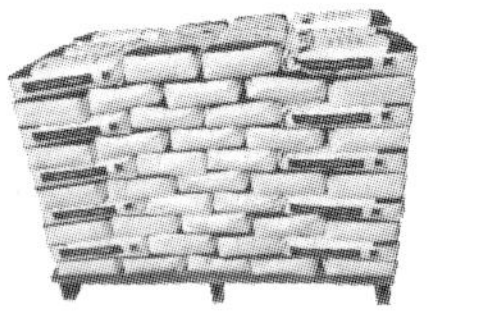
	2.2 施工准备	准备灌浆料（打开包装袋检查灌浆料应无受潮结块或其他异常）和清洁水；准备施工器具：①测温仪，②电子秤和刻度杯，③不锈钢制浆桶、水桶，④手提变速搅拌机，⑤灌浆枪或⑥灌浆泵；流动度检测⑦截锥试模、⑧玻璃板（500mm×500mm）、⑨钢板尺（或卷尺），以及强度检测⑩三联模 3 组。上述工具参数详见表 B－1～表 B－2。采用灌浆泵时应有停电应急措施	
	2.3 制备灌浆料	严格按本批产品出厂检验报告要求的水料比（比如 11%，即为 11g 水＋100g 干料）用电子秤分别称量灌浆料和水。也可用刻度量杯计量水。先将水倒入搅拌桶，然后加入约 70%料，用专用搅拌机搅拌 1～2min 大致均匀后，再将剩余料全部加入，再搅拌 3～4min 至彻底均匀。搅拌均匀后，静置约 2～3min，使浆内气泡自然排出后再使用。（详见附录 B）	 量杯精确加水 
3 灌浆料检验	3.1 流动度检验	每班灌浆连接施工前进行灌浆料初始流动度检验，记录有关参数（详见表 D－4），流动度合格方可使用。环境温度超过产品使用温度上限（35℃）时，须做实际可操作时间检验，保证灌浆施工时间在产品可操作时间内完成	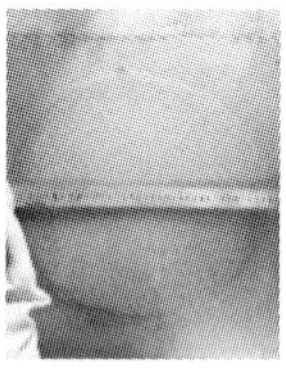 测流动度
	3.2 现场强度检验	根据需要进行现场抗压强度检验。制作试件前浆料也需要静置约 2～3min，使浆内气泡自然排出。试块要密封后现场同条件养护。（详见附录 B）	 强度试块

工序	主要环节	控制要求	图示
4 灌浆连接	4.1 灌浆	用灌浆泵（枪）从接头下方的灌浆孔处向套筒内压力灌浆。 特别注意正常灌浆浆料要在自加水搅拌开始20~30min内灌完，以尽量保留一定的操作应急时间。 注意1：同一仓只能在一个灌浆孔灌浆，不能同时选择两个以上孔灌浆； 注意2：同一仓应连续灌浆，不得中途停顿。如果中途停顿，再次灌浆时，应保证已灌入的浆料有足够的流动性后，还需要将已经封堵的出浆孔打开，待灌浆料再次流出后逐个封堵出浆孔	 电动泵灌浆 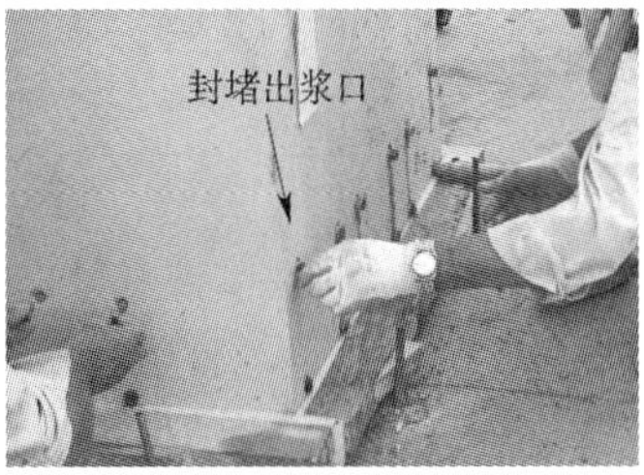 封堵出浆口
	4.2 封堵灌浆、排浆孔，巡视构件接缝处有无漏浆	接头灌浆时，待接头上方的排浆孔流出浆料后，及时用专用橡胶塞封堵。灌浆泵（枪）口撤离灌浆孔时，也应立即封堵。 通过水平缝连通腔一次向构件的多个接头灌浆时，应按浆料排出先后依次封堵灌排浆孔，封堵时灌浆泵（枪）一直保持灌浆压力，直至所有灌排浆孔出浆并封堵牢固后再停止灌浆。如有漏浆须立即补灌损失的浆料。 在灌浆完成、浆料凝前，应巡视检查已灌浆的接头，如有漏浆及时处理	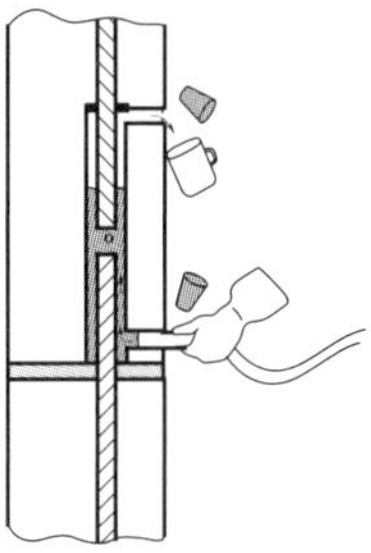
	4.3 接头充盈度检验	灌浆料凝固后，取下灌排浆孔封堵胶塞，检查孔内凝固的灌浆料上表面应高于排浆孔下缘5mm以上	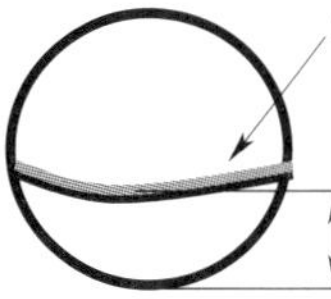 凝固浆料上表面 ≥5mm
	4.4 灌浆施工记录	灌浆完成后，填写灌浆作业记录表（见表D-4）。 发现问题的补救处理也要做相应记录	
5 灌浆后节点保护	构件扰动和拆支撑模架条件	灌浆后灌浆料同条件试块强度达到35MPa后方可进入下后续施工（扰动）。 通常，环境温度在： 15℃以上，24h内构件不得受扰动； 5~15℃，48h内构件不得受扰动； 5℃以下，视情况而定。如对构件接头部位采取加热保稳措施，要保持加热5℃以上至少48h，期间构件不得受扰动。 拆支撑要根据设计荷载情况确定	

4.3.3 水平灌浆连接施工及要求

水平灌浆连接施工及要求详见表4-7。

灌浆套筒水平灌浆连接施工工艺及质量要求 表4-7

工序	主要环节	控制要求	图示
1 做标记装套筒	1.1 做标记	用记号笔做连接钢筋插入深度标记。标记划在钢筋上部,要清晰、不易脱落	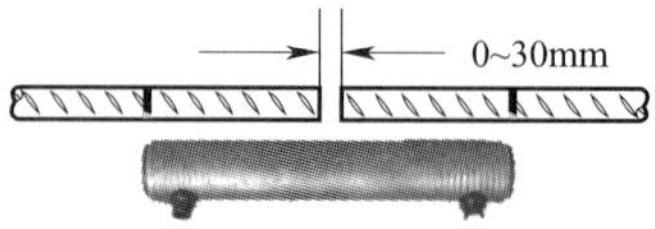
	1.2 装套筒	将套筒全部套入一侧预制梁的连接钢筋上	
2 构件吊装固定	构件吊装与固定	构件按安装要求吊装到位后固定。对莲藕节点连接的构件要在吊装前处理下构件基础面,保证干净、无杂物	
3 套筒就位	3.1 检查钢筋位置	吊装后,检查两侧构件伸出的待连接钢筋对正,偏差不得大于±5mm;且两钢筋相距间隙不得大于30mm。如偏差超标需要处理	
	3.2 套筒就位	将套筒按标记移至两对接钢筋中间。根据操作方将带灌浆排浆接头T-2的孔口旋转到向上±45°范围内位置。检查套筒两侧密封圈是否正常。如有破损需要用可靠方式修复(如用硬胶布缠堵)。钢筋就位后绑扎箍筋	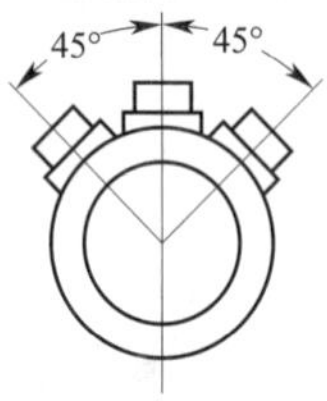
4 灌浆料制备		同表4-4中工序4	
5 灌浆料检验		同表4-4中工序5	

工序	主要环节	控制要求	图示
6 灌浆连接	6.1 灌浆孔出浆孔检查	在正式灌浆前，应逐个检查灌浆套筒的灌浆孔和出浆孔内有无影响砂浆流动的杂物，确保孔路畅通	
	6.2 灌浆	用灌浆枪从套筒的一个灌浆接头 T-2 处向套筒内灌浆，至浆料从套筒另一端的出浆接头 T-2 处流出为止。灌后检查是否两端漏浆并及时处理。 每个接头逐一灌浆。浆料应在加水搅拌开始计 20～30min 内用完，以尽量保留一定的操作应急时间	 手动灌浆
	6.3 接头充盈度检验	灌浆料凝固后，检查灌浆口、排浆口处，凝固的灌浆料上表面应高于套筒上缘	
	6.4 灌浆施工记录	灌浆完成后，填写灌浆作业记录表（参见表 D-4）。 发现问题的补救处理也要做相应记录	
7 灌浆后节点保护	7.1 构件扰动和拆支撑模架条件	灌浆后灌浆料同条件试块强度达到 35MPa 后方可进入下后续施工（扰动）。 通常，环境温度在： 15℃以上，24h 内构件不得受扰动； 5～15℃，48h 内构件不得受扰动； 5℃以下，视情况而定。如对构件接头部位采取加热保稳措施，要保持加热 5℃以上至少 48h，期间构件不得受扰动。 拆支撑要根据设计荷载情况确定	

4.4 套筒灌浆施工质量验收

4.4.1 检验项目

1. 抗压强度检验

灌浆施工中，需要检验灌浆料的 28d 抗压强度并应符合 JG/T 408—2013 有关规定。用于检验抗压强度的灌浆料试件应在施工现场制作、实验室条件下标准养护。

检查数量：每工作班取样不得少于 1 次，每楼层取样不得少于 3 次。每次抽取 1

组 40mm×40mm×160mm 的试件，标准养护 28d 后进行抗压强度试验。

2. 灌浆料充盈度检验

灌浆料凝固后，对灌浆接头 100% 进行外观检查。检查项目包括灌浆、排浆孔口内灌浆料充满状态。取下灌排浆孔封堵胶塞，检查孔内凝固的灌浆料上表面应高于排浆孔下缘 5mm 以上。

3. 灌浆接头抗拉强度检验

如果在构件厂检验灌浆套筒抗拉强度时，采用的灌浆料与现场所用一样，试件制作也是模拟施工条件，那么，该项试验就不需要再做。否则就要重做，做法如下：

1）检查数量：同一批号、同一类型、同一规格的灌浆套筒，检验批量不应大于 1000 个，每批随机抽取 3 个灌浆套筒制作对中接头。

2）检验方法：有资质的实验室进行拉伸试验。

3）检验结果应符合 JGJ 107—2016 中对 I 级接头抗拉强度的要求。

4. 施工过程检验

采用套筒灌浆连接时，应检查套筒中连接钢筋的位置和长度满足设计要求，套筒和灌浆材料应采用经同一厂家认证的配套产品，套筒灌浆施工尚应符合以下规定：

1）灌浆前应制订套筒灌浆操作的专项质量保证措施，被连接钢筋偏离套筒中心线偏移不超过 5mm，灌浆操作全过程应有人员旁站监督施工；

2）灌浆料应由经培训合格的专业人员按配置要求计量灌浆材料和水的用量，经搅拌均匀后测定其流动度满足设计要求后方可灌注；

3）浆料应在制备后半小时内用完，灌浆作业应采取压浆法从下口灌注，当浆料从上口流出时应及时封堵，持压 30s 后再封堵下口；

4）冬期施工时环境温度应在 5℃ 以上，并应对连接处采取加热保温措施，保证浆料在 48h 凝结硬化过程中连接部位温度不低于 10℃。

4.4.2 灌浆连接施工全过程检查项目汇总

灌浆连接施工全过程检查项目汇总见表 4-8。

灌浆连接施工全过程的检查项目汇总 表 4-8

序号	检测项目	要求
1	灌浆料	确保灌浆料在有效期内，且无受潮结块现象
2	钢筋长度	确保钢筋伸出长度满足相关表中规定的最小锚固长度要求
3	套筒内部	确保套筒内部无松散杂质及水
4	灌排浆嘴	确保灌浆通道顺畅

序号	检测项目	要求
5	拌合水	确保拌合水干净，符合用水标准，且满足灌浆料的用水量要求
6	搅拌时间	不少于5min
7	搅拌温度	确保在灌浆料的使用温度范围5～40℃
8	灌浆时间	不超过30min
9	流动度	确保灌浆料流动扩展直径在300～380mm范围内
10	灌浆情况	确保所有套筒均充满灌浆料，从灌浆孔灌入，排浆孔流出
11	灌浆后	确保所有灌浆套筒及灌浆区域填满灌浆料，并填写灌浆记录表

4.4.3 灌浆连接施工常见问题及解决方法

灌浆连接施工常见问题见表4－9。

灌浆连接施工中常见问题解决办法　　　　　表4－9

序号	问题	解决方法	示意图
1	灌浆口或排浆口未露出混凝土构件表面	（1）检查并标记灌浆口或排浆口可能所在的位置； （2）剔除标记位置的混凝土找到隐藏的过浆口； （3）用空压机或水清洗灌浆通道，确保从进浆口到排浆口通道的畅通	
2	由于封缝或坐浆的原因，导致坐浆砂浆进入套筒下口，堵塞进浆通道	（1）用錾子剔除灌浆口处的砂浆； （2）重复序号1中步骤（3）； （3）对此套筒进行单个灌浆	
3	灌浆口或排浆口的堵塞（混凝土碎屑或其他异物等）	（1）如果是混凝土碎渣或石子等硬物堵塞，用钢錾子或手枪钻剔除； （2）如果是密封胶塞或PE棒等塑料，用钩状的工具或尖嘴钳从灌浆口或排浆口处挖出； （3）重复序号1中步骤（3）	
4	灌浆过程中，封缝砂浆或坐浆砂浆的移动造成灌浆料的渗漏	（1）用碎布或环氧或快干砂浆堵住漏浆处； （2）用高压水清洗套筒内部，确保灌浆孔道畅通； （3）重新灌浆	

序号	问题	解决方法	示意图
5	套筒内部的堵塞（石子、碎屑等）	（1）用高压水清洗掉套筒内部的灌浆料； （2）保证灌浆通道畅通，降低灌浆速度，重新灌浆	
6	钢筋紧贴套筒内壁，堵塞了灌浆口或排浆口	用钢棒插入排浆孔，然后用重锤敲击，以减少限制	
7	灌浆完成后，由于基面吸水或排气造成的灌浆不饱满	采用较细的灌浆管从排浆口插入套筒进行缓慢补浆	

附录 A 钢筋剥肋滚压直螺纹加工设备说明书

A.1 钢筋直螺纹剥肋加工

灌浆连接直螺纹套筒螺纹参数主要按剥肋滚压直螺纹工艺确定。为此，首先需要对与灌浆套筒连接的钢筋一端进行剥肋滚压直螺纹加工，简称丝头加工。

A.1.1 准备工作

（1）人员培训

加工钢筋丝头的人员必须经培训，考试合格核发上岗证后才可以上岗操作。

（2）加工设备

钢筋螺纹加工应选择与灌浆套筒螺纹参数配套的设备（图 A-1）。

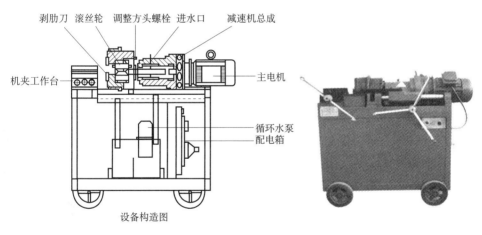

图 A-1 设备构造（含电器原理、外观照片）

加工前，按设备操作使用说明书安装好相应规格的滚轮，调试好加工尺寸。

（3）检验工具

加工前应准备丝头尺寸检测工具，包括：检测长度的钢板尺或卷尺、检测螺纹尺寸的螺纹环规（一般由设备厂家提供）。

（4）钢筋下料

钢筋按照设计要求下料。注意钢筋长度要考虑与灌浆套筒连接配合的丝头长度以及需要灌浆连接的长度。

钢筋无论是加工带螺纹的一端，还是待灌浆锚固连接的一端，都要保证端部平直。建议用无齿锯下料。

下料后的钢筋按规格和长度分类码放。

A.1.2　丝头加工

严格按图 A-2 参数进行丝头加工。

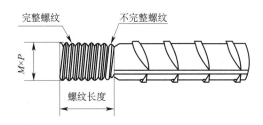

图 A-2　钢筋剥肋滚丝丝头示意图

钢筋加工剥肋滚压直螺纹参数（以思达建茂套筒尺寸参数为例）　　表 A-1

加工钢筋直径 d（mm）	φ12	φ14	φ16	φ18	φ20	φ22	φ25
剥肋后直径（mm）	$11.3_{-0.1}$	$13.2_{-0.1}$	$15.2_{-0.1}$	$17.1_{-0.1}$	$19.1_{-0.1}$	$21.1_{-0.1}$	$23.9_{-0.1}$
剥肋长度（mm）	$17_{-1.0}$	$18_{-1.0}$	$20_{-1.0}$	$23_{-1.0}$	$25.5_{-1.0}$	$28_{-1.0}$	$30.5_{-1.0}$
丝头螺纹长度（mm）	19^{+2}	20^{+2}	22^{+2}	$25.5^{+2.5}$	$28^{+2.5}$	$30.5^{+2.5}$	$33^{+2.5}$
丝头螺纹大约扣数	9.5~10.5	10~11	11~12	10.2~11.2	11.2~12.2	12.2~13.2	13.2~14.2
丝头螺纹 $M×P$（mm）	M12.5×2.0	M14.5×2.0	M16.5×2.0	M18.7×2.5	M20.7×2.5	M22.7×2.5	M25.7×2.5
备注	1. 剥肋长度不含斜坡，为保证丝头强度，宜短不宜长。 2. 剥肋后直径为过程控制参考参数，最终以丝扣合格为依据。 3. 丝头长度公差为 +0~1 扣，从严控制。相关行业标准为 +0~2 扣						

A.1.3　丝头质量控制及检验

钢筋丝头主要检验项目包括：螺纹牙型和尺寸。

牙型要饱满，牙顶宽度大于 $0.3P$ 的不完整螺纹累计长度不得超过两个螺纹周长。

尺寸用螺纹环规检查，通端钢筋丝头应能顺利旋入，止端丝头旋入量不能超过 $3P$（P 为钢筋螺纹螺距）。

钢筋丝头加工中，操作工人应对加工的丝头逐个自检，不合格的丝头应切去重新加工。

自检合格的丝头，由质检员随机抽样进行检验。以一个工作班加工的同规格钢筋丝头为一个验收批，随机抽检 10%，且不少于 10 个。钢筋丝头的抽检合格率不应小于95%。否则应另抽取同样数量的丝头重新检验，当两次检验的总合格率不小于95%时，该批产品合格。若合格率仍小于95%时，则应对全部丝头进行逐个检验，合格者方可使用。

A.2 灌浆套筒与钢筋螺纹连接安装

将灌浆套筒夹紧，用管钳或呆扳手将加工好丝头的钢筋与套筒螺纹拧紧安装。

安装后主要检验项目包括：套筒外露螺纹和拧紧扭矩值。

套筒外露螺纹应大于0，且不超过$2P$（2扣）。

拧紧扭矩值见表 A－2。

钢筋直螺纹接头安装时的最小拧紧扭矩值   表 A－2

钢筋直径（mm）	≤16	18～20	22～25	28～32
拧紧扭矩（N·m）	100	200	260	320

附录 B 灌浆料使用说明书

B.1 特点及适用范围

CGMJM－Ⅵ套筒灌浆料是专门用于钢筋套筒灌浆连接的水泥基灌浆材料，本产品骨料颗粒小、流动度大、早期强度高、经时性好，适用于各种混凝土装配式结构建筑预制构件的钢筋连接，也可用于混凝土结构施工中的植筋、加固、结构缝隙填充等。

B.2 主要技术指标

本产品主要技术指标见表 B－1。

产品主要技术指标 表 B－1

项目		性能指标
流动度（mm）	初始	≥300
	60min	≥260
抗压强度（MPa）	1d	≥35
	3d	≥60
	28d	≥85
竖向膨胀率（%）	3h	≥0.02
	24h 与 3h 之差	0.02～0.5
氯离子含量（%）		≤0.03
泌水率（%）		0

材料进场，根据相关标准经过检验验收合格后方可使用。现场一般检验流动度和强度，常用检验工具模具见表 B－2。

灌浆材料流动度及强度检测工具 表 B－2

检测项目	工具名称	规格参数	照片
流动度检测	圆截锥试模	上口×下口×高 $\phi70 \times \phi100 \times 60mm$	
	钢化玻璃板	长×宽×厚 $500mm \times 500mm \times 6mm$	

检测项目	工具名称	规格参数	照片
抗压强度检测	试块试模	长×宽×高 40mm×40mm×160mm 三联	

相关行业标准：JG/T 408—2013。

B.3 使用方法

1. 需要准备的工具和材料

称水、称料用地秤（电子）、量杯，温度计，冲击钻式砂浆搅拌机，灌浆泵（或灌浆枪），水桶等。

2. 基础处理

灌浆前，构件与灌浆料接触的表面应清理干净，不得有油污、粘贴物、浮物等；将构件灌浆表面润湿且无明显积水；封堵灌浆接缝口，保证灌浆时不漏浆。

3. 高温施工准备

气温高于30℃时，灌浆料应储存于通风、干燥、阴凉处，应避免阳光长时间照射。

夏天当阳光照射，预制构件表面温度远高于气温。当构件表面温度高于30℃时，应预先采取润湿等降温措施。

拌合水水温应控制在25℃以下，尽可能现取现用。

搅拌机和灌浆泵（或灌浆枪）、搅拌桶等施工机具也应存放在阴凉处，使用前应用水降温并润湿，搅拌时应避免阳光直射。

B.4 施工工艺

B.4.1 灌浆施工步骤

测量并计算需灌注接头数量或灌浆空间的体积，计算灌浆料的用量（按2.1t/m³计算）。CGMJM－Ⅵ型套筒灌浆料拌合水以重量计，加水量必须严格根据随产品提供的出厂检测报告计算得出（报告给出数据为水料比，如水料比为12%，即每包20kg的干料兑2.4kg水）。拌合水必须称量后加入，精确至0.01kg。

拌合用水应符合现行行业标准《混凝土用水标准》JGJ 63 的规定。

搅拌机、灌浆泵就位后，首先将全部拌合水加入搅拌桶中，然后加入约70%的灌浆干粉料，搅拌至大致均匀（1～2min），最后将剩余干料全部加入，再搅拌3～4min至浆体均匀。搅拌均匀后，静置2～3min排气，然后注入灌浆泵（或灌浆枪）中进行灌浆作业。

灌浆时，套筒的排浆孔溢出砂浆应立即封堵灌浆孔和排浆孔。

多个接头联通灌浆时，依接头灌浆或排浆孔溢出砂浆的顺序，依次将溢出砂浆的排浆孔用专用堵塞塞住，待所有套筒排浆孔均有砂浆溢出时，停止灌浆，并将灌浆孔封堵。

灌浆完毕，立即用水清洗搅拌机、灌浆泵（或灌浆枪）和灌浆管等器具。

B.4.2 注意事项

CGMJM－Ⅵ型套筒灌浆料可在5～40℃下使用。灌浆时浆体温度应在5～30℃范围内。灌浆时及灌浆后48h内施工部位及环境温度不应低于5℃。如环境温度低于5℃时，需要加热养护，低温施工时应单独制定低温施工方案。

搅拌完的砂浆随停放时间延长，其流动性降低。如果拌合好后没有及时使用，停放时间过长，需要再次搅拌恢复其流动性后才能使用。正常情况自加水算起应尽可能在30min内灌完。

一个构件连接的接头一次需要的灌浆料用量较多（超过一袋20kg时），应计算灌浆泵工作效率，考虑分次搅拌、灌浆，否则会因搅拌、灌注时间过长，浆体流动度下降造成灌浆失败。

严禁在接头灌浆料中加入任何外加剂或外掺剂。

现场同期试块检验。为指导拆模及控制扰动，可在灌浆时用三联强度模做同期试块。制作好的试块要在接头（构件现场）实际环境温度下放置并必须密封保存（与接头内灌浆料类似条件）。

附录 C 灌浆套筒固定组件使用说明

C.1 用途及作用

JM 灌浆套筒固定组件是装配式混凝土结构预制构件生产的专用部件，使用本组件可将 JM 系列灌浆套筒与预制构件的模板进行连接和固定，并将灌浆套筒的灌浆腔口密封，防止预制构件混凝土浇筑、振捣中水泥浆侵入套筒内。

C.2 构成

套筒固定组件由专用螺杆、前垫片、橡胶垫、后垫片和加长螺母组成，其中金属件为不锈钢材料，橡胶件为耐高温材料，可反复使用，有较高的使用寿命。

本组件照片及使用示意图见图 C-1、图 C-2。

 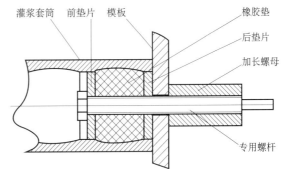

图 C-1 套筒固定组件照片　　　　图 C-2 套筒固定组件使用示意图

C.3 使用说明及注意事项

（1）套筒固定组件各部件按图 C-1、图 C-2 示意组装。

（2）使用时，先将固定件加长螺母卸下，将固定件的专用螺杆从模板内侧插入并穿过模板固定孔（直径 12.5～13mm 的通孔），然后在模板外侧的螺杆一端装上加长螺母，用手拧紧即可。

（3）套筒与固定组件的连接。套筒固定前，先将套筒与钢筋连接好，再将套筒灌浆腔端口套在已经安装在模板的固定组件橡胶垫端。拧紧固定时，使套筒灌浆腔端部以及固定组件后垫片均紧贴模板内壁，然后在模板外侧用两个扳手，一个卡紧专用螺杆尾部的扁平轴，一个旋转拧紧加长螺母，直至前后垫片将橡胶垫压缩变鼓（膨胀塞原理），使橡胶垫与套筒内腔壁紧密配合，而形成连接和密封。

注意不要对专用螺杆施加侧向力，以免弯曲。

附录 D 检验记录表

钢筋丝头加工质量记录表 表 D-1

编号:

工程名称		钢筋规格		批 号	
应用构件		批内数量		抽检数量	
加工日期		生产班次			

序号	丝头螺纹检验		丝头外观检验		序号	丝头螺纹检验		丝头外观检验	
	通规	止规	螺纹长度	牙型饱满度		通规	止规	螺纹长度	牙型饱满度

备注: 1. 用螺纹环规检验,通端钢筋丝头应能顺利旋入,止端丝头旋入量不能超过 $3P$。
　　　 2. 相关检验合格后,在相应的格里打"√",不合格时打"×",并在备注栏加以标注

质检负责人:　　　　　检验员:　　　　　检验日期:

钢筋螺纹连接质量记录表　　　　　　　　　　表 **D－2**

工程名称		钢筋规格		批　　号	
应用构件		批内数量		抽检数量	
加工日期		生产班次			

检验结果					
序号	拧紧力矩值	外露螺纹长度	序号	拧紧力矩值	外露螺纹长度

备注：

1. 钢筋螺纹连接最小拧紧力矩值要求（JGJ 107—2016）：

钢筋直径（mm）	≤16	18～20	22～25	28～32
拧紧扭矩（N·m）	100	200	260	320

2. 相关检验合格后，在相应的格里打"√"，不合格时打"×"，并在备注栏加以标注

质检负责人：　　　　　检验员：　　　　　检验日期：

构件连接基础面检查记录表　　　　　　　表 D－3

编号：

工程名称		检查日期	
施工部位			
检验结果			
基础表面情况			
钢筋伸出长度和位置	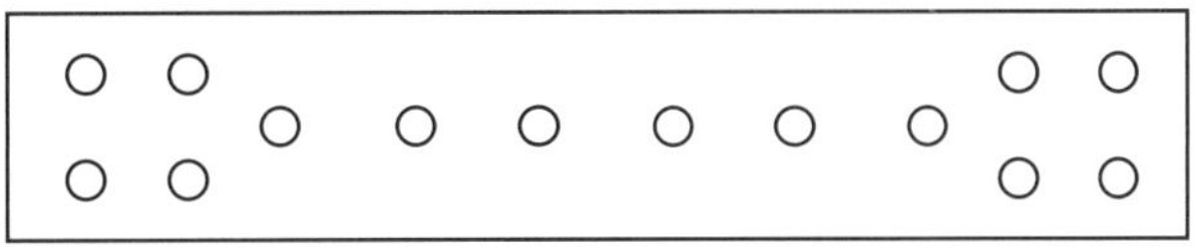		
分仓示意图	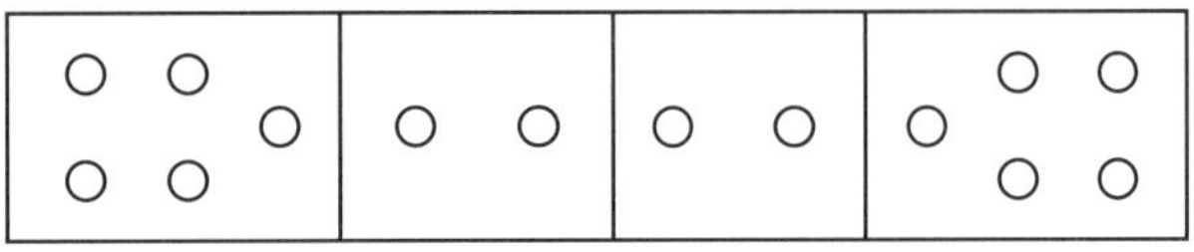 分仓操作时间：　　月　　日　　时		
备注			

质检人员：　　　　　　记录人：　　　　　　　　日期：　　　年　　月　　日

注：记录人根据构件基础面钢筋位置、数量和分仓情况画出草图（表中图为参考），检验后将结果在图中相应位置做标识，合格的打"√"，不合格时打"×"，并在备注栏加以标注。

99

灌浆施工记录表　　　　编号：　　　　表 **D－4**

工程名称				施工部位（构件编号）		
施工日期	年　月　日　时			灌浆料批号		
环境温度	℃			使用灌浆料总量		kg
材料温度	℃	水温	℃	浆料温度	℃（不高于30℃）	
搅拌时间	min	流动度	mm	水料比（加水率）	水：　kg；料：　kg	
检验结果						
灌浆口、排浆口示意图	墙： 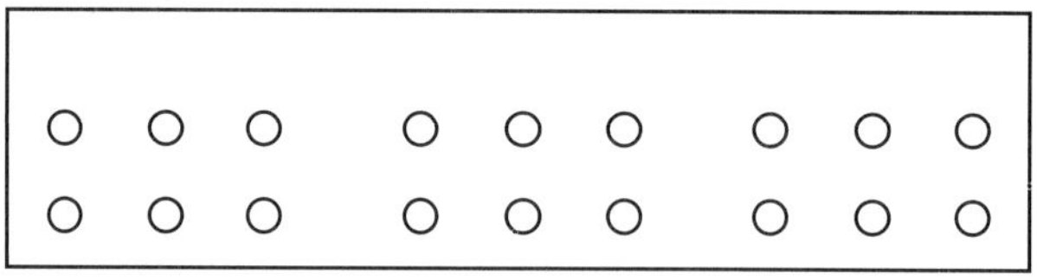 柱： 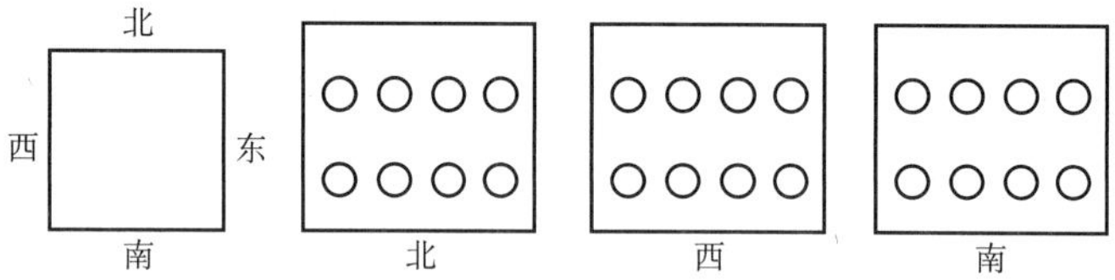　北 西　东 南　　北　　西　　南					
备注						

质检人员：　　　　记录人：　　　　日期：　年　月　日

注：记录人根据构件灌浆口、排浆口位置和数量画出草图（表中图为参考），检验后将结果在图中标出。

100

附录E 灌浆接头型式检验报告

（1）JM GTJB5 20/20 半灌浆套筒钢筋接头型检报告

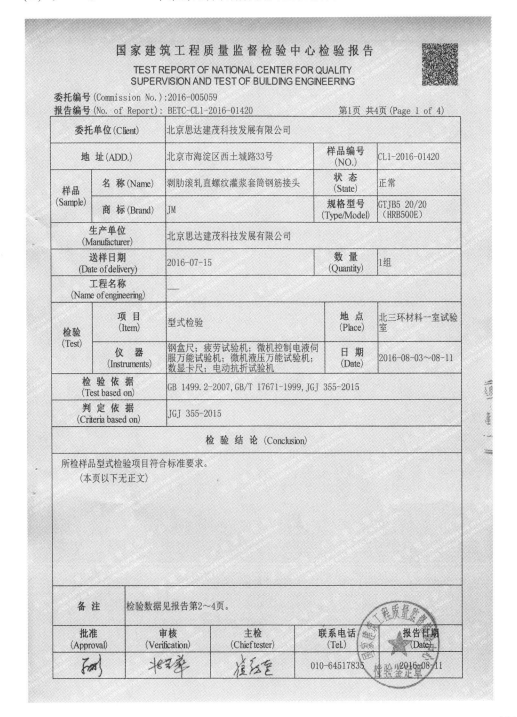

国家建筑工程质量监督检验中心检验报告

TEST REPORT OF NATIONAL CENTER FOR QUALITY
SUPERVISION AND TEST OF BUILDING ENGINEERING

委托编号（Commission No.）：2016-005059

报告编号（No. of Report）：BETC-CL1-2016-01420

第1页 共4页（Page 1 of 4）

委托单位（Client）		北京思达建茂科技发展有限公司		
地 址（ADD.）		北京市海淀区西土城路33号	样品编号 （NO.）	CL1-2016-01420
样品 （Sample）	名 称（Name）	剥肋滚轧直螺纹灌浆套筒钢筋接头	状 态 （State）	正常
	商 标（Brand）	JM	规格型号 （Type/Model）	GTJB5 20/20 （HRB500E）
生产单位 （Manufacturer）		北京思达建茂科技发展有限公司		
送样日期 （Date of delivery）		2016-07-15	数 量 （Quantity）	1组
工程名称 （Name of engineering）		—		
检验 （Test）	项 目 （Item）	型式检验	地 点 （Place）	北三环材料一室试验室
	仪 器 （Instruments）	钢盒尺；疲劳试验机；微机控制电液伺服万能试验机；微机液压万能试验机；数显卡尺；电动抗折试验机	日 期 （Date）	2016-08-03～08-11
检验依据 （Test based on）		GB 1499.2-2007，GB/T 17671-1999，JGJ 355-2015		
判定依据 （Criteria based on）		JGJ 355-2015		

检验结论（Conclusion）

所检样品型式检验项目符合标准要求。

（本页以下无正文）

备 注	检验数据见报告第2～4页。			
批准 （Approval）	审核 （Verification）	主检 （Chief tester）	联系电话 （Tel.）	报告日期 （Date）
			010-64517835	2016-08-11

101

国家建筑工程质量监督检验中心检验报告

TEST REPORT OF NATIONAL CENTER FOR QUALITY
SUPERVISION AND TEST OF BUILDING ENGINEERING

半灌浆套筒连接基本参数						
试件制作日期	2016-07-15	试件制作地点		北京思达建茂厂区（昌平区沙河镇白各庄）		
钢筋公称直径（mm）	20	灌浆料抗压强度设计值（MPa）		110	灌浆套筒品牌、型号	建茂 JM GTJB5 20/20
钢筋牌号	HRB500E	灌浆套筒材料		45#圆钢	灌浆料品牌、型号	建茂 CGMJM-Ⅷ

机械连接端基本参数					
螺纹螺距	牙型角	螺纹连接长度	螺纹公称直径（mm）		安装扭矩（N·m）
2.5	60°	27.5	20.7		≥200

灌浆套筒设计尺寸及公差（mm）			
机械连接端类型	长度	外径	灌浆端钢筋插入深度
剥肋滚轧直螺纹	211 $^{+1}_{0}$	48±0.6	160

接头试件尺寸实测值（mm）					
样品编号	灌浆套筒长度		灌浆套筒外径		灌浆端钢筋插入深度	钢筋对中/偏置
CL1-2016-01420-7	211.1	211.4	48.55	48.30	160	偏置
CL1-2016-01420-8	211.7	211.6	48.51	48.58	161	偏置
CL1-2016-01420-9	211.1	211.0	48.01	48.31	161	偏置
CL1-2016-01420-10	211.2	211.1	48.18	48.40	161	对中
CL1-2016-01420-11	211.0	211.3	48.27	48.21	160	对中
CL1-2016-01420-12	211.0	211.2	48.41	48.46	162	对中
CL1-2016-01420-13	211.1	211.0	48.59	48.51	162	对中
CL1-2016-01420-14	211.0	211.1	48.11	48.25	161	对中
CL1-2016-01420-15	211.0	211.0	48.44	48.23	162	对中
CL1-2016-01420-16	211.3	211.1	48.31	48.27	163	对中
CL1-2016-01420-17	211.1	211.4	48.14	48.36	162	对中
CL1-2016-01420-18	211.0	211.3	48.36	48.58	160	对中

灌浆料性能						
每10kg灌浆料加水量（kg）	型式检验时的试件抗压强度量测值（MPa）（龄期20天）					抗压强度（MPa）
	CL1-2016-01420-1	CL1-2016-01420-2		CL1-2016-01420-3	取值	
1.1	95.0	109.8	105.1	110.9	107.1	110.0	108.6	105～121

28天试件抗压强度量测值*（MPa）						
1.1	CL1-2016-01420-19		CL1-2016-01420-20		CL1-2016-01420-21	取值	合格指标（MPa）
	116.3	115.6	105.2	127.5	110.9	113.2	112.2	≥110

国 家 建 筑 工 程 质 量 监 督 检 验 中·心 检 验 报 告

TEST REPORT OF NATIONAL CENTER FOR QUALITY
SUPERVISION AND TEST OF BUILDING ENGINEERING

报告编号（No. of Report）：BETC-CL1-2016-01420　　第3页 共4页(Page 3 of 4)

钢筋母材检验数据					
样品编号	CL1-2016-01420-4	CL1-2016-01420-5	CL1-2016-01420-6	平均值	标准值
钢筋直径(mm)	20			--	--
屈服强度(MPa)	520	520	515	--	≥500
抗拉强度(MPa)	680	680	675	--	≥630
破坏形式	--	--	--	--	--
偏置单向拉伸检验数据					
样品编号	CL1-2016-01420-7	CL1-2016-01420-8	CL1-2016-01420-9	平均值	标准值
屈服强度（MPa）	522	516	516	--	≥500
抗拉强度(MPa)	680	678	679	--	≥630
破坏形式	钢筋拉断	钢筋拉断	钢筋拉断	--	钢筋拉断
对中单向拉伸性能检验数据					
样品编号	CL1-2016-01420-10	CL1-2016-01420-11	CL1-2016-01420-12	平均值	标准值
屈服强度(MPa)	520	516	522	--	≥500
抗拉强度(MPa)	678	678	680	--	≥630
残余变形 u_0 （mm）	0.01	0.02	0.01	0.01	$u_0 \leq 0.10$
最大力下总伸长率 A_{sgt} (%)	12.5	12.0	12.0	12.0	$A_{sgt} \geq 6.0$
破坏形式	钢筋拉断	钢筋拉断	钢筋拉断	--	钢筋拉断

高应力反复拉压性能检验数据					
样品编号	CL1-2016-01420-13	CL1-2016-01420-14	CL1-2016-01420-15	平均值	标准值
抗拉强度（MPa）	677	680	679	--	≥630
残余变形 u_{20}（mm）	0.04	0.06	0.05	0.05	u_{20}≤0.3
破坏形式	钢筋拉断	钢筋拉断	钢筋拉断	--	钢筋拉断

大变形反复拉压性能检验数据					
样品编号	CL1-2016-01420-16	CL1-2016-01420-17	CL1-2016-01420-18	平均值	标准值
抗拉强度（MPa）	678	681	680	--	≥630
残余变形 u_4（mm）	0.04	0.05	0.06	0.05	u_4≤0.3
残余变形 u_8（mm）	0.12	0.10	0.11	0.11	u_8≤0.6
破坏形式	钢筋拉断	钢筋拉断	钢筋拉断	--	钢筋拉断

连接件示意图：

剪力槽数量：5

104

（2）JM GTJQ4 20L 全灌浆套筒钢筋接头型检报告

国家建筑工程质量监督检验中心检验报告
TEST REPORT OF NATIONAL CENTER FOR QUALITY
SUPERVISION AND TEST OF BUILDING ENGINEERING

委托编号(Commission No.):2016-001076

报告编号(No. of Report)：BETC-CL1-2016-01486　　　第 1 页 共 4 页 (Page 1 of 4)

委 托 单 位 (Client)		北京思达建茂科技发展有限公司		
地 址（ADD.）		北京市海淀区西土城路33号	样品编号(NO.)	CL1-2016-01486
样 品 (Sample)	名称(Name)	全灌浆套筒钢筋接头	状态(State)	正常
	商标(Brand)	JM	规 格 型 号 (Type/Model)	GTJQ4 20L （HRB400E）
生 产 单 位 (Manufacturer)		北京思达建茂科技发展有限公司		
送 样 日 期 (Date of delivery)		2016-07-27	数量(Quantity)	1 组
工 程 名 称 (Name of engineering)		———————		
检 验 (Test)	项 目 (Item)	型式检验	地 点 (Place)	北三环材料一室试验室
	仪 器 (Instruments)	材料试验机；钢盒尺；疲劳试验机；微机液压万能试验机；数显卡尺	日 期 (Date)	2016-08-17～08-30
检 验 依 据 (Test based on)		GB 1499.2-2007,GB/T 17671-1999,JGJ 355-2015		
判 定 依 据 (Criteria based on)		JGJ 355-2015		

<table>
<tr><td colspan="5" align="center">检 验 结 论 (Conclusion)</td></tr>
<tr><td colspan="5">所检样品型式检验项目符合标准要求。
（本页以下无正文）</td></tr>
</table>

备 注	各项检验数据见报告第 2-4 页。				
批 准 (Approval)	审 核 (Verification)	主 检 (Chief tester)	联 系 电 话 (Tel.)		报 告 日 期 (Date)
			010-84281545		2016-08-31

全灌浆套筒连接基本参数					
试件制作日期	2016-08-03	试件制作地点	北京思达建茂厂区（昌平区沙河镇白各庄）		
钢筋公称直径（mm）	钢筋牌号	灌浆料抗压强度设计值（MPa）	灌浆套筒品牌、型号	灌浆料品牌、型号	灌浆套筒材料
20	HRB400E	85	建茂 JM GTJQ4 20L	建茂 CGMJM-VI	45#无缝钢管
灌浆套筒设计尺寸及公差（mm）		长度	外径	钢筋插入深度（短端）	钢筋插入深度（长端）
		370^{+1}_{0}	52±0.6	160	172

接头试件尺寸实测值（mm）							
样品编号	灌浆套筒长度		灌浆套筒外径		钢筋插入深度		钢筋对中/偏置
					短端	长端	
CL1-2016-01486-7	370.2	370.3	52.03	52.00	158	168	偏置
CL1-2016-01486-8	370.1	370.5	51.82	51.79	156	168	偏置
CL1-2016-01486-9	370.8	370.8	51.95	51.84	162	170	偏置
CL1-2016-01486-10	370.6	370.4	51.84	52.05	160	169	对中
CL1-2016-01486-11	370.2	370.8	51.81	52.01	157	169	对中
CL1-2016-01486-12	370.8	370.3	51.83	51.86	158	170	对中
CL1-2016-01486-13	370.2	370.6	51.81	52.14	157	171	对中
CL1-2016-01486-14	370.9	370.8	51.87	51.75	158	170	对中
CL1-2016-01486-15	370.8	370.5	51.87	51.83	157	168	对中
CL1-2016-01486-16	370.7	370.2	51.89	51.84	159	168	对中
CL1-2016-01486-17	370.6	370.8	52.00	51.85	158	170	对中
CL1-2016-01486-18	370.2	370.4	51.77	51.75	158	169	对中

灌浆料性能						
每10kg灌浆料加水量（kg）	型式检验时的试件抗压强度量测值（MPa）（龄期15天）					抗压强度（MPa）
	CL1-2016-01486-1		CL1-2016-01486-2		CL1-2016-01486-3	取值
	86.2	89.6	92.8	92.1	92.0	92.8	90.9	80~95
	28天试件抗压强度量测值（MPa）					
1.2	CL1-2016-01486-19		CL1-2016-01486-20		CL1-2016-01486-21	取值	合格指标（MPa）
	97.7	100.5	93.4	86.9	92.9	90.2	93.6	≥85

国 家 建 筑 工 程 质 量 监 督 检 验 中 心 检 验 报 告

TEST REPORT OF NATIONAL CENTER FOR QUALITY
SUPERVISION AND TEST OF BUILDING ENGINEERING

钢筋母材检验数据					
样品编号	CL1-2016-01486-4	CL1-2016-01486-5	CL1-2016-01486-6	平均值	标准值
钢筋直径(mm)		20		—	—
屈服强度(MPa)	429	448	482	—	≥400
抗拉强度(MPa)	627	626	634	—	≥540
破坏形式	—	—	—	—	—
偏置单向拉伸检验数据					
样品编号	CL1-2016-01486-7	CL1-2016-01486-8	CL1-2016-01486-9	平均值	标准值
屈服强度(MPa)	446	447	447	—	≥400
抗拉强度(MPa)	628	626	626	—	≥540
破坏形式	钢筋拉断	钢筋拉断	钢筋拉断	—	钢筋拉断
对中单向拉伸性能检验数据					
样品编号	CL1-2016-01486-10	CL1-2016-01486-11	CL1-2016-01486-12	平均值	标准值
屈服强度(MPa)	476	449	470	—	≥400
抗拉强度(MPa)	633	626	633	—	≥540
残余变形 u_0（mm）	0.07	0.08	0.06	0.07	$u_0 \leq 0.10$
最大力下总伸长率 A_{sgt} (%)	12.0	13.0	13.0	12.5	$A_{sgt} \geq 6.0$
破坏形式	钢筋拉断	钢筋拉断	钢筋拉断	—	钢筋拉断

国家建筑工程质量监督检验中心检验报告

TEST REPORT OF NATIONAL CENTER FOR QUALITY
SUPERVISION AND TEST OF BUILDING ENGINEERING

高应力反复拉压性能检验数据					
样品编号	CL1-2016-01486-13	CL1-2016-01486-14	CL1-2016-01486-15	平均值	标准值
抗拉强度(MPa)	628	621	633	——	≥540
残余变形 u_{20} （mm）	0.11	0.21	0.16	0.16	$u_{20} \leq 0.3$
破坏形式	钢筋拉断	钢筋拉断	钢筋拉断	——	钢筋拉断

大变形反复拉压性能检验数据					
样品编号	CL1-2016-01486-16	CL1-2016-01486-17	CL1-2016-01486-18	平均值	标准值
抗拉强度 （MPa）	629	628	627	——	≥540
残余变形 u_4 （mm）	0.12	0.12	0.15	0.13	$u_4 \leq 0.3$
残余变形 u_8 （mm）	0.20	0.22	0.22	0.21	$u_8 \leq 0.6$
破坏形式	钢筋拉断	钢筋拉断	钢筋拉断	——	钢筋拉断

连接件示意图：

剪力槽数量：4×2

（3）JM GTJQ4 16H 全灌浆套筒钢筋接头型检报告

国 家 建 筑 工 程 质 量 监 督 检 验 中 心 检 验 报 告
TEST REPORT OF NATIONAL CENTER FOR QUALITY SUPERVISION AND TEST OF BUILDING ENGINEERING

委托编号（Commission No.）：2016-007977

报告编号（No. of Report）：BETC-CL1-2016-02138　　　第 1 页 共 4 页（Page 1 of 4）

委 托 单 位（Client）		北京思达建茂科技发展有限公司			
地 址（ADD.）		北京市海淀区西土城路 33 号	样品编号（NO.）		CL1-2016-02138
样 品 (Sample)	名称（Name）	全灌浆套筒钢筋接头	状态（State）		正常
	商标（Brand）	JM	规格型号 (Type/Model)		GTJQ4 16H (HRB400E)
生 产 单 位 (Manufacturer)		北京思达建茂科技发展有限公司			
委 托 日 期 (Date of entrustment)		2016-10-28	数量（Quantity）		1 组
工 程 名 称 (Name of engineering)		——			
检 验 (Test)	项目 (Item)	型式检验	地 点 (Place)		北三环材料一室试 验室
	仪器 (Instruments)	钢盒尺；疲劳试验机；微机液压万能试验 机；数显卡尺；电子式全自动压力试验机	日 期 (Date)		2016-12-05～12-10
检 验 依 据 (Test based on)		GB 1499.2-2007，GB/T 17671-1999，JGJ 355-2015			
判 定 依 据 (Criteria based on)		JGJ 355-2015			
检 验 结 论（Conclusion）					
所检样品型式检验项目符合标准要求。 （本页以下无正文）					
备 注		各项检验数据见报告第 2-4 页。			

批 准 (Approval)	审 核 (Verification)	主 检 (Chief tester)	联系电话 (Tel.)	报告日期 (Date)
			010-84281545	2016-12-12

国家建筑工程质量监督检验中心检验报告

TEST REPORT OF NATIONAL CENTER FOR QUALITY
SUPERVISION AND TEST OF BUILDING ENGINEERING

报告编号（No. of Report）：BETC-CL1-2016-02138　　第2页 共4页(Page 2 of 4)

全灌浆套筒连接基本参数					
试件制作日期	2016-11-13	试件制作地点	北京思达建茂厂区（昌平区沙河镇白各庄）		
钢筋公称直径（mm）	钢筋牌号	灌浆料抗压强度设计值（MPa）	灌浆套筒品牌、型号	灌浆料品牌、型号	灌浆套筒材料
16	HRB400E	110	建茂 JM GTJQ4 16H	建茂 CGMJM-Ⅷ	45#无缝钢管
灌浆套筒设计尺寸及公差（mm）		长度	外径	钢筋插入深度（短端）	钢筋插入深度（长端）
		256$_0^{+1}$	38±0.6	113	113

接头试件尺寸实测值（mm）						
样品编号	灌浆套筒长度		灌浆套筒外径		钢筋插入深度	钢筋对中/偏置
					短端	长端	
CL1-2016-02138-7	256.3	256.6	38.32	38.04	118	114	偏置
CL1-2016-02138-8	256.1	256.5	38.21	38.17	112	115	偏置
CL1-2016-02138-9	256.2	256.4	38.01	37.95	117	116	偏置
CL1-2016-02138-10	256.7	256.2	37.86	38.25	113	115	对中
CL1-2016-02138-11	256.1	256.3	38.33	38.07	114	113	对中
CL1-2016-02138-12	256.3	256.5	38.04	38.24	115	116	对中
CL1-2016-02138-13	256.4	256.8	38.15	38.26	115	115	对中
CL1-2016-02138-14	256.3	256.6	38.05	37.86	113	115	对中
CL1-2016-02138-15	256.6	256.3	37.94	38.23	113	114	对中
CL1-2016-02138-16	256.5	256.2	38.32	38.15	113	116	对中
CL1-2016-02138-17	256.3	256.1	37.85	37.92	116	115	对中
CL1-2016-02138-18	256.1	256.6	38.14	38.29	114	114	对中

灌浆料性能							
每10kg灌浆料加水量（kg）	型式检验时的试件抗压强度量测值（MPa）（龄期 天）						抗压强度（MPa）
	CL1-2016-02138-1		CL1-2016-02138-2		CL1-2016-02138-3	取值	
	103.7	102.9	107.4	112.9	107.6	99.0	105.6	105~121
	28天试件抗压强度量测值（MPa）						
1.1	CL1-2016-02138-19		CL1-2016-02138-20		CL1-2016-02138-21	取值	合格指标（MPa）
	112.9	108.6	108.4	115.3	112.3	108.3	111.0	≥110

110

国 家 建 筑 工 程 质 量 监 督 检 验 中 心 检 验 报 告

TEST REPORT OF NATIONAL CENTER FOR QUALITY
SUPERVISION AND TEST OF BUILDING ENGINEERING

报告编号（No. of Report）：BETC-CL1-2016-02138　　　第3页 共4页(Page 3 of 4)

钢筋母材检验数据					
样品编号	CL1-2016-02138-4	CL1-2016-02138-5	CL1-2016-02138-6	平均值	标准值
钢筋直径(mm)	16			--	--
屈服强度(MPa)	456	457	423	--	≥400
抗拉强度(MPa)	614	616	601	--	≥540
破坏形式	--	--	--	--	--
偏置单向拉伸检验数据					
样品编号	CL1-2016-02138-7	CL1-2016-02138-8	CL1-2016-02138-9	平均值	标准值
屈服强度(MPa)	444	443	443	--	≥400
抗拉强度(MPa)	614	615	613	--	≥540
破坏形式	钢筋拉断	钢筋拉断	钢筋拉断	--	钢筋拉断
对中单向拉伸性能检验数据					
样品编号	CL1-2016-02138-10	CL1-2016-02138-11	CL1-2016-02138-12	平均值	标准值
屈服强度(MPa)	452	451	451	--	≥400
抗拉强度(MPa)	613	617	613	--	≥540
残余变形 u_0（mm）	0.03	0.02	0.02	0.02	u_0≤0.10
最大力下总伸长率 A_{sgt}（%）	15.0	14.5	15.5	15.0	A_{sgt}≥6.0
破坏形式	钢筋拉断	钢筋拉断	钢筋拉断	--	钢筋拉断

国 家 建 筑 工 程 质 量 监 督 检 验 中 心 检 验 报 告

TEST REPORT OF NATIONAL CENTER FOR QUALITY
SUPERVISION AND TEST OF BUILDING ENGINEERING

报告编号（No. of Report ）：BETC-CL1-2016-02138　　第 4 页 共 4 页(Page 4 of 4)

高应力反复拉压性能检验数据					
样品编号	CL1-2016-02138-13	CL1-2016-02138-14	CL1-2016-02138-15	平均值	标准值
抗拉强度(MPa)	609	615	600	—	≥540
残余变形 u_{20}（mm）	0.02	0.03	0.01	0.02	u_{20}≤0.3
破坏形式	钢筋拉断	钢筋拉断	钢筋拉断	—	钢筋拉断

大变形反复拉压性能检验数据					
样品编号	CL1-2016-02138-16	CL1-2016-02138-17	CL1-2016-02138-18	平均值	标准值
抗拉强度（MPa）	615	610	612	—	≥540
残余变形 u_4（mm）	0.04	0.04	0.04	0.04	u_4≤0.3
残余变形 u_8（mm）	0.08	0.06	0.07	0.07	u_8≤0.6
破坏形式	钢筋拉断	钢筋拉断	钢筋拉断	—	钢筋拉断

连接件示意图：

剪力槽数量：4×2

112

练习题及参考答案

第1章

1. 装配式建筑是用预制部品、部件通过各种可靠的连接方式在现场装配而成的建筑，包括：装配式混凝土结构、（　　　）、木结构、混合结构等建筑。（单项选择题）

A. 砖混结构　　　B. 筒体结构　　　C. 框剪结构　　　D. 钢结构

2. 构件深化设计应满足工厂制作、施工装配等相关环节承接工序的技术和安全要求，各种（　　　）、连接件设计应准确、清晰、合理，并完成预制构件在短暂设计状况下的设计验算。（单项选择题）

A. 钢筋　　　　　B. 预埋件　　　　C. 灌浆套筒　　　D. 定位件

3. 预制墙板安装应设置临时斜撑，每件预制墙板安装过程的临时斜撑应不少于（　　　）道，临时斜撑宜设置调节装置，支撑点位置距离底板不宜大于板高的2/3，且不应小于板高的1/2，斜支撑的预埋件安装、定位应准确。（单项选择题）

A. 1　　　　　　B. 2　　　　　　C. 3　　　　　　D. 4

4. （　　　）结构是指由预制混凝土构件或部件通过采用各种可靠的方式进行连接，并与现场浇筑的混凝土形成整体的装配式结构。（单项选择题）

A. 装配式混凝土　　　　　　　　B. 装配整体式混凝土

C. 装配整体式混凝土剪力墙　　　D. 装配整体式混凝土框架

5. 主要的钢筋机械连接方法有：套筒挤压连接、锥螺纹套筒连接、（　　　）连接、滚轧直螺纹连接、熔融金属充填连接、套筒灌浆连接。（单项选择题）

A. 铆接　　　　　B. 绑扎搭接　　　C. 锚固板　　　D. 镦粗直螺纹

6. 以下四张钢筋接头照片中，哪种接头不是机械连接接头。（　　　）（单项选择题）

A.

B.

C.

D.

7. 套筒灌浆连接是在金属套筒中插入带肋钢筋并注入灌浆料（　　），充满钢筋与套筒内壁的间隙，其硬化后而将钢筋与套筒结合成整体并实现传力，将钢筋连接在一起。（单项选择题）

　　A. 与水的混合物　　B. 浆料　　　　　C. 拌合物　　　　　D. 干粉

8. 不同类型机械接头按构造与使用功能的差异可区分为不同型式，常用的直螺纹接头又分为标准型、异径型、正反丝扣型、加长丝头型等不同接头型式。用户可根据工程应用的需要按照现行行业标准《钢筋（　　）套筒》JG/T 163 选用。（单项选择题）

　　A. 机械连接用　　B. 螺纹连接用　　C. 灌浆连接用　　D. 挤压连接用

9. 预制构件生产的通用工艺流程如下：模台清理→模具组装→钢筋加工安装→管线、埋件等安装→混凝土浇筑→养护→脱模→表面处理→（　　）验收→运输存放。（单项选择题）

　　A. 外观质量　　　B. 尺寸偏差　　　C. 抗压强度　　　D. 成品

10. 套筒灌浆接头的特点：接头性能达到机械接头的最高级，同截面应用接头（　　）可达100%，密集钢筋连接比其他机械连接更方便；减少现场混凝土湿作业，减少现场人工，绿色施工。（单项选择题）

　　A. 数量比例　　　B. 百分率　　　　C. 面积率　　　　D. 面积百分率

第2章

1. 现行行业标准中与套筒灌浆连接接头应用相关的有：《钢筋套筒灌浆连接应用技术规程》JGJ 355—2015、《钢筋机械连接技术规程》JGJ 107—2016、《装配式混凝土结构技术规程》JGJ 1—2014、《钢筋连接用灌浆套筒》JG/T 398—2012、《钢筋连接用（　　）》JG/T 408—2013。（单项选择题）

　　A. 套筒　　　　　B. 灌浆料　　　　C. 技术规程　　　D. 套筒灌浆料

2. 《钢筋套筒灌浆连接应用技术规程》JGJ 355—2015 的接头型式检验试件要求做（　　）接头试件。（单项选择题）

　　A. 9 根　　　　　B. 12 根　　　　　C. 6 根　　　　　D. 3 根

3. 当某种套筒灌浆料 28d 抗压强度合格指标为 90N/mm^2 时，按《钢筋套筒灌浆连接应用技术规程》JGJ 355—2015 要求接头型式检验时灌浆料的抗压强度值应在什么数值范围（　　）。（单项选择题）

　　A. 90 ~ 100N/mm^2　　　　　　　　　B. 90 ~ 99N/mm^2

　　C. 85 ~ 100N/mm^2　　　　　　　　　D. 85 ~ 99N/mm^2

4. 构件安装现场的套筒灌浆接头工艺检验要求在（　　）进行。（单项选择题）

A. 构件出厂前　　　B. 构件进场前　　　C. 构件施工前　　　D. 灌浆施工前

5. 《装配式混凝土结构技术规程》JGJ 1—2014 规定预制构件与后浇混凝土、灌浆料、坐浆材料的结合面应设置粗糙面、键槽，并要求：粗糙面的面积不宜小于结合面的 80%，预制板的粗糙面凹凸深度不应小于 4mm，预制梁端、预制柱端、预制墙端的粗糙面凹凸深度不应小于（　　）。（单项选择题）

A. 5mm　　　　　B. 6mm　　　　　C. 4mm　　　　　D. 10mm

6. 《钢筋套筒灌浆连接应用技术规程》JGJ 355—2015 要求：钢筋套筒灌浆连接接头的屈服强度不应小于连接钢筋屈服强度标准值；抗拉强度不小于连接钢筋抗拉强度标准值，且破坏时应断于（　　）。（单项选择题）

A. 连接钢筋　　　B. 灌浆套筒　　　C. 套筒外　　　D. 接头外钢筋

7. 为了使预制构件的连接钢筋在现场方便地插入套筒灌浆腔内，《钢筋套筒灌浆连接应用技术规程》JGJ 355—2015 要求：套筒灌浆端最小内径与连接钢筋公称直径的差值：对于直径 12～25mm 不宜小于 10mm，对于直径 28～32mm 钢筋不宜小于（　　）。（单项选择题）

A. 12mm　　　　　B. 连接钢筋直径　　C. 连接钢筋半径　　D. 15mm

8. 《钢筋套筒灌浆连接应用技术规程》JGJ 355—2015 要求：灌浆料进场时，应对灌浆料拌合物 30min 流动度、泌水率及（　　）抗压强度、28d 抗压强度、3h 竖向膨胀率、24h 与 3h 竖向膨胀率差值进行检验。（单项选择题）

A. 1d　　　　　B. 1d 和 3d　　　C. 7d　　　　　D. 3d

9. 《钢筋套筒灌浆连接应用技术规程》JGJ 355—2015 要求：灌浆施工的验收，包括：灌浆料抗压强度检验、接头灌浆饱满度检验和质检部门提出的现场灌浆接头强度检验。用于检验抗压强度的灌浆料试件应在施工现场制作，灌浆料的检查数量为：每工作班取样不得少于 1 次，每楼层取样不得少于（　　）次。（单项选择题）

A. 1　　　　　　B. 2　　　　　　C. 3　　　　　　D. 6

10. 《装配式混凝土结构技术规程》JGJ 1—2014 标准的强制性条文规定：预制结构构件采用钢筋套筒灌浆连接时，应在构件生产前进行钢筋套筒灌浆连接接头的抗拉强度试验，（　　）连接接头试件数量不应少于 3 个。（单项选择题）

A. 每种规格　　　B. 每种型式　　　C. 每批构件　　　D. 每批套筒

第 3 章

1. 灌浆钢筋的选用应符合现行国家标准《混凝土结构设计规范》GB 50010 的规定。对于套筒灌浆连接，不适用于（　　）连接。（单项选择题）

A. 热轧带肋钢筋　　　　　　　　　B. 预热处理带肋钢筋

C. 不锈钢带肋钢筋　　　　　　　　　　D. 光圆钢筋

2. 在半灌浆套筒的螺纹端根部设置台肩，见下图，其目的是（　　　）。（单项选择题）

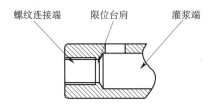

A. 加工工艺的需要

B. 安装钢筋时将丝头顶紧，接头减少残余变形

C. 检测钢筋丝头长度

D. 防止灌浆端钢筋插入套筒过深

3. 《钢筋连接用灌浆套筒》JG/T 398—2012 第 5.1.3 条规定：灌浆套筒长度应根据试验确定，且灌浆连接长度不宜小于（　　　）。（单项选择题）

A.6 倍钢筋直径　　　B.7 倍钢筋直径　　　C.8 倍钢筋直径　　　D.9 倍钢筋直径

4. 关于钢筋连接用灌浆套筒，下列说法正确的是（　　　）。（单项选择题）

A. 全灌浆套筒只适用于竖向钢筋连接

B. 半灌浆套筒只适用于竖向钢筋连接

C. 半灌浆套筒均为钢制机加工所制

D. 机加工灌浆套筒与铸造灌浆套筒所要求的材质性能指标相同

5. 对于钢筋连接用套筒灌浆料，其性能检验分为型式检验和出厂检验两大类，而影响 PC 构件结构安装施工速度的性能指标是（　　　）。（单项选择题）

A. 流动度　　　　　B.1d 抗压强度　　　C.28d 抗压强度　　　D. 竖向膨胀率

6. 钢筋连接用套筒灌浆料是以水泥为基本材料，配以细骨料，以及混凝土外加剂和其他材料组成的干混料。通常灌浆料基本组成包括：高强水泥、级配骨料、减水剂、消泡剂、膨胀剂等外加剂，其不具有的特性为（　　　）。（单项选择题）

A. 早强性能　　　　B. 高强性能　　　　C. 高抗折性能　　　D. 微膨胀性能

7. 为了确保灌浆料使用时达到其产品设计指标，具备灌浆连接施工所需要的工作性能，并能最终顺利地灌注到预制构件的灌浆套筒内，实现钢筋的可靠连接，搅拌环节是关键工序，下列关于钢筋连接用套筒灌浆料的搅拌说法正确的是（　　　）。（单项选择题）

A. 灌浆料在夏天高温状态下搅拌，可适当在厂家给出的加水率基础上，多加一些拌合水

B. 灌浆料搅拌后，不需静止，可直接进行灌浆

C. 为便于搅拌，通常是在搅拌容器内先加水，再将部分灌浆料干粉料加入，至搅拌均匀后再加入剩余干粉料搅拌

D. 不同厂家的灌浆料，搅拌时其加水率是相同的

8. 对于半灌浆接头，一端采用的是螺纹连接，钢筋丝头螺纹有剥肋滚轧直螺纹、直接滚轧直螺纹、镦粗直螺纹等几种加工形式，用螺纹加工设备加工钢筋丝头，下列说法不正确的是（   ）。（单项选择题）

A. 剥肋滚丝机作为螺纹加工设备可以单独使用

B. 套丝机作为螺纹加工设备可以单独使用

C. 对于钢筋连接要求较高的工程项目，剥肋滚丝机也可与镦粗机配合使用

D. 滚丝机是通过滚轮滚轧钢筋形成螺纹，套丝机是通过梳刀车削钢筋形成螺纹

9. 在预制装配式混凝土构件生产中，除钢模板外，还应配备一些与灌浆套筒连接相关的辅件，诸如出浆管（PVC 硬管、塑料增强管）、磁力座固定件等，除此之外，还需要配备的辅件为（   ）。（单项选择题）

A. 套筒固定组件   B. 钢筋定位检验模板

C. 橡塑棉条   D. 截锥试模

10. 接头灌浆料的制备需要配备搅拌设备和灌浆设备，下列关于搅拌机和灌浆泵的说法正确的是（   ）。（单项选择题）

A. 为提高工作效率，搅拌机的电机转数越快越好

B. 灌浆泵输出压力越高，越有利于灌浆

C. 各种结构形式的灌浆泵使用后均需认真清洗，防止灌浆料硬化堵塞管路

D. 在现场，高速手枪钻可替代搅拌机进行灌浆料搅拌

第 4 章

1. 使用螺纹环规检查钢筋丝头螺纹直径：环规通端丝头应能顺利旋入，止端丝头旋入量不能超过（   ）P（P 为丝头螺距）。（单项选择题）

A. 1   B. 2   C. 3   D. 4

2. 钢筋与半灌浆套筒直螺纹连接时，拧紧后钢筋在套筒外露的丝扣长度应（   ）。（单项选择题）

A. 应大于 0 扣，且不超过 0.5 扣   B. 应大于 0 扣，且不超过 1 扣

C. 应大于 0 扣，且不超过 3 扣   D. 应大于 1 扣，且不超过 2 扣

3. 预制构件外观检查时：套筒中心位置、外露钢筋中心位置偏差及伸出长度偏差分别为（   ）。（单项选择题）

A. +2mm/0mm 和 +10mm/0mm   B. +5mm/0mm 和 +15mm/0mm

C. +1mm/0mm 和 +20mm/0mm   D. +1mm/0mm 和 +5mm/0mm

4. 灌浆料抗压强度检测时，试块尺寸为（   ）。（单项选择题）

A. 40mm×40mm×160mm   B. 50mm×50mm×50mm

C. 70.7mm×70.7mm×70.7mm   D. 100mm×100mm×100mm

5. 水平缝连通腔分仓封缝：用不流动、不收缩的封缝坐浆料塞在构件水平缝下方，形成 30～40mm 宽的分仓隔墙；将长度较大的构件底面分成两部分或三部分，单仓最大尺寸不宜超过（   ）m。（单项选择题）

A. 0.5   B. 1.0   C. 1.5   D. 2.0

6. 关于连通腔灌浆过程，下列说法不正确的是（   ）。（单项选择题）

A. 同一仓只能在一个灌浆孔灌浆，不能同时选择两个以上孔灌浆

B. 同一仓应连续灌浆，不得中途停顿。如果中途停顿，再次灌浆时，已经封堵的灌排浆孔不需要打开，待剩余灌浆排浆口出浆即可

C. 灌浆后灌浆料同条件试块强度达到 35MPa 后方可进入下后续施工（扰动）

D. 通过水平缝连通腔一次向构件的多个接头灌浆时，应按浆料排出先后依次封堵灌浆排浆孔，封堵时灌浆泵（枪）一直保持灌浆压力，直至所有灌排浆孔出浆并封堵牢固后再停止灌浆

7. 灌浆施工中，需要检验灌浆料的 28d 抗压强度并应符合《钢筋套筒灌浆连接应用技术规程》JGJ 355—2015 有关规定。用于检验抗压强度的灌浆料试件应在（   ）。（单项选择题）

A. 实验室制作、实验室条件标准养护

B. 实验室制作、施工现场同条件养护

C. 施工现场制作、实验室条件标准养护

D. 施工现场制作、施工现场同条件养护

8. 如下图所示：检查灌浆、排浆孔口内灌浆料充满状态时，取下灌排浆孔封堵胶塞，孔内凝固的灌浆料上表面应高于排浆孔下缘 5mm 以上，以这样的灌浆饱满度作为合格标准的依据来自（   ）。（单项选择题）

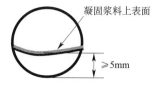

A. 灌浆套筒型式检验   B. 套筒灌浆饱满度试验

C. 套筒灌浆接头拉伸试验   D. 套筒灌浆接头型式检验

9. 某剪力墙俯视图如下图所示，当采用连通腔多套筒灌浆时，关于分仓的说法合理的是（　　）。（单项选择题）

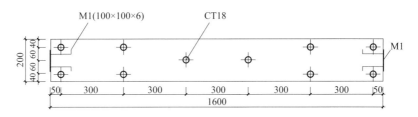

A. 不需要分仓

B. 分 2 个灌浆仓，在墙板中线位置布置隔墙分成左右两个灌浆仓

C. 分 2 个灌浆仓，在墙板 1.5m 处布置隔墙分成左右两个灌浆仓

D. 分 3 个灌浆仓，分别将左边 4 个套筒、中间 2 个套筒和右边 4 个套筒分成 3 个灌浆区域

10.《钢筋套筒灌浆连接应用技术规程》JGJ 355—2015 要求灌浆料进场验收时，应对灌浆料下列哪项性能指标进行复检（　　）。（多项选择题）

A. 拌合物 30min 流动度

B. 泌水率

C. 3d 抗压强度、28d 抗压强度

D. 3h 竖向膨胀率、24h 与 3h 竖向膨胀率差值

参考答案

第 1 章

1. D　2. B　3. B　4. B　5. D　6. C　7. C　8. A　9. D　10. D

第 2 章

1. D　2. B　3. C　4. D　5. B　6. D　7. D　8. D　9. C　10. A

第 3 章

1. D　2. B　3. C　4. B　5. B　6. C　7. C　8. B　9. A　10. C

第 4 章

1. C　2. B　3. A　4. A　5. C　6. B　7. C　8. D　9. B　10. ABCD

参 考 文 献

[1] 中华人民共和国国家标准.《钢筋混凝土用钢　第 2 部分：热轧带肋钢筋》GB 1499.2—2007. 北京：中国标准出版社，2009

[2] 中华人民共和国国家标准.《钢筋混凝土用余热处理钢筋》GB 13014—2013. 北京：中国标准出版社，2014

[3] 中华人民共和国国家标准.《混凝土结构工程施工质量验收规范》GB 50204—2015. 北京：中国建筑工业出版社，2015

[4] 中华人民共和国行业标准.《装配式混凝土结构技术规程》JGJ 1—2014. 北京：中国建筑工业出版社，2014

[5] 中华人民共和国行业标准.《钢筋套筒灌浆连接应用技术规程》JGJ 355—2015. 北京：中国建筑工业出版社，2015

[6] 中华人民共和国行业标准.《钢筋机械连接技术规程》JGJ 107—2016. 北京：中国建筑工业出版社，2016

[7] 中国工程建设协会标准.《钢筋机械连接装配式混凝土结构技术规程》CECS 444: 2016. 北京：中国计划出版社，2016

[8] 中华人民共和国建筑工业行业标准.《钢筋连接用灌浆套筒》JG/T 398—2012. 北京：中国标准出版社，2013

[9] 中华人民共和国建筑工业行业标准.《钢筋机械连接用套筒》JG/T 163—2013. 北京：中国标准出版社，2013

[10] 中华人民共和国建筑工业行业标准.《钢筋连接用套筒灌浆料》JG/T 408—2013. 北京：中国标准出版社，2013

[11] 国家建筑标准设计图集.16G116—1《装配式混凝土结构预制构件选用目录》（一）. 北京：中国计划出版社，2016

[12] 郝志强，钱冠龙.PC 关键节点钢筋套筒灌浆连接及应用质量控制.第六届中国（国际）预制混凝土技术论坛会刊

[13] 高安庆，等.超高强钢筋接头灌浆料的试验研究 [J]. 混凝土与水泥制品，2013，1（1）：16－19

[14] 朱清华，等.低负温钢筋连接用套筒灌浆料的应用研究 [J]. 施工技术，2016，10（45）：49－51